涵养

吴国明 著

沉住气才能成大器

时事出版社
·北京·

图书在版编目（CIP）数据

涵养：沉住气才能成大器 / 吴国明著 . -- 北京：
时事出版社，2025.4   -- ISBN 978-7-5195-0552-3

Ⅰ. B821-49

中国国家版本馆 CIP 数据核字第 20257PN222 号

出 版 发 行：时事出版社
地　　　　址：北京市海淀区彰化路 138 号西荣阁 B 座 G2 层
邮　　　编：100097
发 行 热 线：（010）88869831　88869832
传　　　真：（010）88869875
电 子 邮 箱：shishichubanshe@sina.com
印　　　刷：河北省三河市天润建兴印务有限公司

开本：670×960　1/16　印张：15　字数：168 千字
2025 年 4 月第 1 版　2025 年 4 月第 1 次印刷
定价：48.00 元
（如有印装质量问题，请与本社发行部联系调换）

前　言

在工作和生活中，我们常常听人这样说，"这个人涵养好，那个人没有涵养"，说的就是一个人沉稳的性格气质，为人低调懂克制，对人谦逊知礼节，做事明理知分寸。

特别是在人际交往中，当与他人产生分歧或冲突时，有涵养的人能够沉住气，倾听对方的观点，以理性和友善的方式解决问题，而不是激烈争吵，导致事情复杂化。

在人生的道路上，我们常常会遭遇各种困难、挫折和诱惑。若缺乏涵养，不能沉住气，往往会因一时的冲动、急躁而做出错误的判断和选择，错失良机，甚至导致失败。

有涵养的人，拥有坚韧的耐心和毅力，能够抵御短期利益的诱惑，专注于长期目标的实现。他们不会因眼前的小成就而骄傲自满，也不会因暂时的困境而灰心丧气，而会像种子在黑暗的土壤中默默积蓄力量，等待时机破土而出，茁壮成长。只有耐得住寂寞，经得起等待，才能迎来最终的成功。

涵养也是一种对自我情绪的良好掌控。不被外界干扰和负面因素所左右，保持内心的平静与坚定。无论是面对他人的质疑还是自身的困惑，都能以冷静的头脑分析问题，寻找解决之道。

　　总之，一个人的涵养是其人格魅力的重要体现，不仅能赢得他人的尊重和认可，为社会传递积极的正能量，更是成就事业、实现人生价值的重要保障。只有让自己的涵养不断得到提高，我们才能在纷繁复杂的世界中行稳致远，成为真正的大器之才。

01 急到燃眉 能稳得住

急到燃眉时,转换角度海阔天空 　　003
遇事不乱,先稳定情绪再处理问题 　　006
急于求成则欲速不达 　　009
坚持,寄希望于下一秒 　　013
顺应态势,才能心想事成 　　016

02 话到嘴边 能把得紧

对秘密,守口如瓶 　　023
不让争执变成习惯 　　026
活在没有抱怨的世界里 　　030
"抬杠"伤人伤己 　　034

切忌打破砂锅问到底　　　　　　　　　　　037
谈话时不触及别人的短处　　　　　　　　041

03 | 烦到心乱 能抚得平 |

世上本无事，庸人自扰之　　　　　　　　047
用抗压能力消化烦恼　　　　　　　　　　050
摆脱浮躁的桎梏，关注生命本源　　　　　054
莫让回忆变负累　　　　　　　　　　　　057
怀感恩之情，无计较之心　　　　　　　　060
反思忧愁烦恼，拥抱快乐就好　　　　　　064

04 | 怒到发指 能笑得出 |

生气是用他人的错误惩罚自己　　　　　　071
处世以硬为质，以柔取胜　　　　　　　　074
怒火中烧，烧伤的是谁　　　　　　　　　078
合理规避正面冲突　　　　　　　　　　　080
克制比发泄更有效　　　　　　　　　　　083
愤怒时，此时无声胜有声　　　　　　　　087

05 | 屈到愤极 | 能受得起

忍一时风平浪静 093
有时后退是最好的前进 096
放低姿态，容纳百川 100
包容之心不可无 103
让三分理，赢满堂彩 106

06 | 喜到意满 | 能沉得下

不在赞美中沉睡，而在赞美中觉醒 113
顺境需持重，切忌得意忘形 116
莫做骄兵，骄兵必败 120
成功时激励自我，不要刺激他人 123
春风得意时让自己静下来 126

07 | 情到心迷 | 能站得稳

不合适的爱，终将曲终人散 133
从情到伤，迷恋也是枉然 136

付出得太多，反而是种伤害　　　　　　　　140
爱情需要理智，婚姻更要谨慎　　　　　　　143
在事业与感情中找到平衡点　　　　　　　　146

08 | 财到眼前 能看得淡 |

财富与幸福感并不成正比　　　　　　　　　153
金钱乃身外之物，淡然以对　　　　　　　　156
别做满身铜臭的人　　　　　　　　　　　　160
金钱与时间，掌握两者平衡　　　　　　　　162
盲目攀比，心灵受害　　　　　　　　　　　165

09 | 苦到舌根 能吃得消 |

苦中作乐，达观接受现实　　　　　　　　　171
苦难是必经之路，笑对人生　　　　　　　　174
怀感恩之心，人生将受益匪浅　　　　　　　178
吃苦是成长的催化剂　　　　　　　　　　　181
通过自我解嘲对抗残酷命运　　　　　　　　184

10 痛到断肠 能忍得过

改变不了现状，就改变想法　　191
摒弃执念，就远离痛苦　　194
忍过痛苦绝望，希望近在眼前　　198
关爱自己度过痛苦失意　　201
坚定信念，一切都会随风飘逝　　204

11 困到绝望 能行得通

面对绝望，选择坚持　　211
"输不起"是懦夫，"输得起"是英雄　　214
从心理上的死角走出来　　218
这一秒一败涂地，下一刻愤然崛起　　221
静观其变，努力等待时机　　224

01

急到燃眉能稳得住

急到燃眉时，转换角度海阔天空

人们常常遇到紧急情况，紧急情况可大可小，小到诸如一次见面、一次突然的考试，大到一个措手不及的变故，甚至一场危及生命的灾难。燃眉之急当前，再冷静的人也会变得焦躁，被不安的情绪左右了理智，眼前似乎看不到什么希望，手心出汗、头脑混乱、四肢僵硬，有时干脆害怕得闭上眼睛，什么也想不出来，甚至语无伦次、大失水准。

燃眉之急有时是一种急切的状况，更多时候却是一种心理状态，人们处于"灾难快来了""马上就要失败了""要完了，这次要完了"等消极的心理暗示之中，并且不断提醒自己情况有多么糟糕，情况还会更加糟糕。这个时候，左右心情的不再是紧急情况，而是我们对事情的看法。在解决事情前，我们已经急得忘记去想解决的办法，而出现自暴自弃心理。

能否应付燃眉之急，反映了一个人的心理素质是否过关。沉稳的人不是神人，不会在所有突发状况之前面不改色心不跳，他们只是会比常人更快地镇定下来，开始想事情的另一个方面，想一种积极的可能，想解决问题的办法，这一切都让他们看上去有定力、有控制力。在大事面前，定力是操控全局的关键。定力产生于一种稳定的性格，这种性格能够保证人们在面临危机的时候习惯性地开始思考分析，而不是乱成一团。

书房里，儿子急得团团转，他正在预备一个考试。之前，老师早就划出了考试范围，他也已经将所有题目背熟，有信心取得好的成绩，可今天突然得到消息：考卷改由另一个老师出题，以前划的范围全部作废。儿子不禁对妈妈抱怨：一旦这个科目考不好，就会影响总成绩；总成绩不能达到年级前五名，就会影响申请奖学金，还会影响申请优秀学生……

"你的心理素质真差。"妈妈一针见血地说。儿子不服，妈妈逐条给他分析："首先，你着急的事是什么？考试范围发生了变化，你的准备泡汤了，可是，其他人也和你一样，你们仍然站在同一条起跑线上，情况并没有发生变化。其次，你忘记了你是一个努力的学生，平时学习很用功，即使出题范围变了，你未必考不出好成绩。最后，一科考试成绩固然重要，但不应该把一个小意外想成全盘失败，这会浪费你的时间和精力。事情并没有变得糟糕，与其在这里着急，不如马上再去看一遍你的课本和笔记。"

真正令我们着急的也许并不是突发状况，而是我们缺少对这种状况的应对心理。如果一个用功的孩子从小就害怕考试，特别是那种突然的考试，说明他要么对自己的能力极度不自信，要么就是过于害怕失败，以致想要逃避。可是，一个小小的考试就能打击到自信，这个孩子又能做多大的事呢？与其害怕打击和失败，不如更加努力。

不论何时，心理素质都是决定成败的重要环节，在困难的时候更是如此。当我们为突发情况着急的时候，不妨看开一点，只有在心理上镇定下来，才会有冷静的应对行动，不然，就会像惊弓之鸟一样战战兢兢，能做出什么成绩？如果觉得事情紧急，火烧眉毛、坐立不安，不妨参考以下方法。

（1）不要把困难看成困难

困难和紧急情况一旦出现，往往不可逆转，也不会顾及我们的能力和感受，这个时候我们只能以更强大的心理来容纳它。其实天大的困难也不过是一次失败，失败了重新来一次就好，如果能有这样达观的心理，那什么事都不能让我们皱起眉头。

还有，有些看似困难的事，其实并不会阻碍或者伤害我们，只是我们在心理上太过重视它们，让它们具有威慑力而已。如果我们在一件事上倾注了太多情感，不论是希望还是恐惧，都会增加我们的心理负担，所以，保持平常心是应对困境的最好方法。

（2）要坚定解决问题的信心

世界上没有解决不了的问题，逃避困难的人永远无法解决困难，害怕困难的人只会被困难压倒。也许你的能力还不够，或者你的经验还不足，但要记住，没有人是天生的成功者，困难正是一个考验你的意志、为你增加经验的机会，所以，你首先要做的是坚定自己的信心。

困难已经到来，你只有两个选择：要么承认自己无能、接受失败；要么对自己有信心，争取战胜困难。同样是选择，后者显然比前者更加积极，也更符合人生的基调。即使身边暂时没有"战友"，也要鼓励自己。

（3）积极行动，减少伤害

突发事故让人手忙脚乱，这个时候要对突发情况做一些有益的反应，而不是坐以待毙，这是一种积极的心理暗示。你可以求助，也可以自救，总之不要消极地等待别人帮你，即使你被困在沙漠中，你要做的也是尽量寻找绿洲，而不是在原地被沙子埋起来。积极行动的人也许不能真的解决困难，但至少可以减少困难带来的伤害。

左右我们情绪的并不是突来的状况，而是我们对事情的看法。同样一个困难，你看到乐观的一面，它就是机会；你看到消极的一面，它就是折磨。人世间的困难不知有多少，如果始终消极、焦虑，早晚会被困难压垮，所以，保持一颗平常心才是最重要的。

遇事不乱，先稳定情绪再处理问题

人们有时候会由衷地佩服那些沉稳的人，尽管也曾对他们颇有微词，因为在生活中，这些人总是沉默，看上去不够活跃；想事情想得太多，交往起来有些没底；什么事都计算分析得清楚，让人觉得不亲热、不自在……总之，沉稳的人让人摸不透，缺点"亲和力"。

但是，一旦涉及正事，沉稳的人立刻显现出了他们的优势：沉默，不会意气用事和过于激动；想事情想得多，就有计划性，也不会轻易吃亏；什么事都计算分析得清楚，所以总能找到解决问题的合理方法，比别人更先一步出手……总之，他们知道什么时候该说话、该行动，什么时候应该闭嘴观察局势，谋定而后动。给沉稳的人带来这些益处的，其实是他们性格中的"稳定因素"。

在生活中，有稳定性格的人常常扮演领导者的角色，他们在任何时候都能理性地思考问题，做出准确的判断，而不会因为一时的情绪迷失方向，或因为一时的意气打乱全盘计划。他们从容的心态可以把棘手的事情变得清楚分明，让一团乱麻变得充满条理。这种稳定和个性有关，也需要一定的历练，可以有意识地加以培养。

一家销售公司的王牌销售员正在给他的徒弟们传授经验，他对徒弟们说："当你们急于卖出一套设备，对方又表现出一定的购买兴趣时，要记住，沉住气，沉住气才能卖到最好的价格。"

从前，这位王牌销售员也是个愣头青，对那些"大刀阔斧"砍到最低价的买主很没办法，常常以较低的价格卖出设备，所以，他的提成奖金一直不高。他认为自己不适合做销售员，准备改行。在做最后一次销售时，商品是一套底价为25万元的设备，想到马上就要辞职，销售员不再像以前一样和顾客讨价还价，而是冷静地听着顾客对这套设备挑挑拣拣。最后，沉不住气的顾客以35万元的价格买走了设备。

销售员立刻打消了辞职的念头，他发现那些喜欢挑拣讲价的顾客才是潜在的买主，只要比他们更能沉得住气，多数情况下都能卖到好价格。靠着这条销售秘诀，这位销售员的业绩一路高升，成了公司的销售主力。

人的性格并非一成不变，人的脾气也不是不能改变，关键是你愿不愿意"定"住。故事中的这位销售员是个幸运者，在无意之中发现了成功的秘诀。成功不是天天努力、天天着急就能得到，它既需要你挖空心思，又需要你稳住自己。

人与人、人与事较量的不只是智力，还有耐力。沉稳的下一步就是果断，在别人慌神的时候，你抓住机会，一击即中，成功就是你的囊中之物。紧急情况虽然常常出现，但你的沉稳会让你冷静面对、寻找机会，这就是古往今来成功者多为沉稳者的原因。那么，如何增加自己性格中的稳定因素呢？

（1）确定自己的接受底线

如果加以训练，每个人都可以让自己比平时更沉稳，而沉稳不是放弃，它也有一个接受度，一旦没有底线，就和不作为没有任何区别。每个人心中都有这样一条底线：可以接受什么、接受到什么程度，一旦超出接受范围，沉稳就不复存在。而这个底线往往很宽泛，能够保证你比一般人更有接受能力，也就更有成功的可能。

一旦你确定无法接受某件事，果断放弃就成了另一种沉稳。没有必要为无意义的事情拖延，那只会浪费你的时间与精力。放弃的时候更不要慌乱，即使那意味着无比麻烦的重新开始，也好过徒劳无功。

（2）不要轻易更改说过的话

对稳定最好的做法就是言出必行。说过的话就不要更改，一定要做到底。有时候，你会觉得这是不知变通，让自己吃了大亏。但是，吃亏才能让你真正地汲取教训，在下一次说话之前，想到上次的失败，你会更加谨慎，更加仔细地考虑计划的每一个细节。如此几次，你已经初步具备沉稳的性格，至少你不会随口胡说，也不会随随便便去做那些超过自己能力范围的事，这就是一个巨大的进步。

（3）困难的时候告诉自己坚持下去

坚持是稳定的基础，也是成功的关键。很多事情看似困难，却能在坚持中突破。如果选择放弃，就失去了成功的所有可能，所以，困难的时候一定要告诉自己坚持下去，这是一种缓慢而有成效的性格培养，从心理上形成有始有终的习性，遇到什么都不放弃，这种性格一旦渗透到事业中，会让你如虎添翼。

沉稳代表的是一种成熟，一种经过大风大浪才能磨砺出的气度。沉稳的性格不但会让你散发领导者的气场，还会让你更有魅力，会让他人更想了解、接近你。想要形成沉稳的性格需要长期的磨炼，不必惧怕生命中各种形式的苦难，坦然一点、成熟一些，不论成功还是失败，都会让你拥有更多的能力和经验，让你在下一次遇到困难的时候更加气定神闲、无所畏惧。

急于求成则欲速不达

追求成功是每个人的愿望，"求成心理"就成了人们做事的基本心理。每个人做一件事都不是为了失败，而是为了能有所收获。如果收获来得快、来得多、来得轻松，那就更让人高兴。于是，有人为了成功做着充足、扎实的准备，有人在准备的同时找捷径，甚至钻空子。他们都想到达目的地，最好第一个到达。

两相比较，前者在短时期内往往吃亏。但是把目光放长远，再过几年，那些经过精心准备的人，一步一个脚印，踏踏实实地到达了自己的位置，而那些省略努力过程、直接坐上去的人，常常觉得屁股下的座位摇摇晃晃，总觉得不踏实、坐不稳，有一点风吹草动，就让他们产生失败的预感。

人的失败有时来自求成心理，因为成功的愿望太过迫切，按部就班就变成了一种煎熬。就像成语"揠苗助长"，想要禾苗赶快长高，干脆将每一棵禾苗拔高几厘米，这种努力只会让梦想以更快的速度化为泡影，那短暂的繁荣景象是泡影幻灭前的最后安慰。急于求成造成过很多悲剧，但是，不够沉稳的人还是很难抗拒"速成"的诱惑。

古时候，有个青年拜后羿为师学习射箭，青年很刻苦，想要成为超越后羿的神射手，但年轻人难免急躁，他总是问后羿："师父，我射得如何？有没有进步？"后羿每次都鼓励他："有进步，但是还要努力。"

青年人心急，有一天对后羿说："师父，你告诉我，要成为你这样的神射手，需要多少年？"后羿说："十年！"

青年说："十年太久了，如果我每天加倍苦练，需要多久？""八年。"

青年更急了："师父，如果我把吃饭睡觉的时间也拿来练箭，是不是五年就行了？"

"不，"后羿说，"那样的话你成不了神射手，因为没几天你就累死了。"

急性子的人最大的缺点就是急于求成，他们做什么事都恨不得脚踏风火轮，从起点直接冲到目的地。但是，人生不是百米赛跑，而是翻山越岭的长途旅程，太过焦急只会让自己在半路迷路或累倒。想做一件事不能太着急，要注意劳逸结合，才能获得良好的效果。

急于求成的另一种形式就是走捷径。有的人善于动脑，找到更好的方法倒也不失为一种成功；有的人没有这种头脑，只会耍小聪明、走后门、搞关系，靠着这些歪门邪道达到目的，还有人认为自己做得漂亮，比那些埋头苦干的"傻瓜"高明。其实他们才是真正的愚人，能力没得到，名声没得到，得到的只有一点短期利益，根本当不了长久的饭碗，反而埋下了隐患，迟早要付出代价。所以，急于求成的人应该依照以下建议改改自己的习性。

（1）不要盲目乐观

想要急于求成的人，对自己往往很有信心。他们看到了目标，相信自己有能力比别人做得更快、更好，但在多数时候，这种自信有很大的盲目性，性子急的人看事情不全面，急于求成的心态也就顺理成章地产生了。盲目乐观让人忽视实际，甚至不会制订长远的、周密的计划就开始行动。过程中遇到困难，起初还会维持自信，认为困难是暂时的，没过多久，发现困难是长久的，甚至是牢不可破的，于是焦头烂额地补救。但是，前期准备太草率，补救也不可能到位，失败便成了必然。

（2）不要偷工减料

喜欢动歪脑筋的人，把偷工减料当成成事的必备途径。他们会振振有词地说："我虽然少做了一些事，但并不影响大局，也不会影响最后的结果，让自己轻松一点有什么不对？"但是，每件事都有每件事的组成和步骤，你少做一点，它就不完整。起初，你不懂防微杜渐，少添的是一块砖瓦，慢慢地，就变成了整个楼层的质量隐忧。最后，你的楼房成了豆腐渣工程，这就是偷工减料的直接后果。

（3）不要认为自己比别人聪明

因为焦急，所以浮躁。急于求成的人有一种"必胜心态"，他们认为自己的能力比别人强很多，自己的眼光比别人好很多，自己做事比别人高明很多，所以，他们对成功的渴望也比别人更加迫切。这就表现在：别人还在做外围侦查时，他们已经单枪匹马去冲锋；别人在勾画撤退路线时，他们已经被敌人围困；别人终于准备充足，信心满满地开始叫阵时，他们已经成了俘虏。按部就班地做事看似笨拙，其实却是稳扎稳打，而自以为是的聪明只会更快地招致失败。

（4）不要渴望天上掉馅饼

着急到一定程度，就开始幻想自己有非常好的运气，有些人希望兔子自己撞在树桩上、希望彩票能中500万元、希望自己梦到考试答案……当人们已经急切到做白日梦的程度，只能从侧面反映出他们什么都没有准备。渴望天上掉馅饼其实是一种不劳而获的心理，这样的人希望省略掉一切努力，直接享受成果。但是，吃粮的人也许不需要种地，但要支付钞票，世界上哪有免费的午餐？

做事不疾不徐，把计划与一定的步调结合，就是沉稳。欲速则不达，任何优秀的素质都是长期储备、长期修炼的结果。没有积蓄过的力量无法爆发，没有蛰伏过的树木无法发芽。当你满怀雄心壮志，想要做出一番事业时，首先要想到的是如何做好准备。有时候，储备期越漫长、越周详，就越是不怕困难，成功越能手到擒来。

坚持，寄希望于下一秒

有些人认为生活很机械，甚至可以归纳为两点一线或几点一线，没有什么惊喜，也不会有什么危险。多数人就在这种温开水似的环境中蛰伏着，就像温水里的青蛙，察觉不出水温的变化，也没有迎接变化的能力。一旦水温飞速升高，它们只能眼睁睁地等死，无法抵抗，或者直接放弃了抵抗，接受"命运"。

沉稳的人从不认为生活是一成不变的，相反，它充满变数，每一分钟都有可能发生转折，彻底改变自己的未来。只要这转折不会结束自己的生命，他们就愿意用淡定的心态去接受。转折难免带来危机和阵痛，沉稳的人会告诉自己挺过去，再坚持一下。他们不是超人，只是因为心中始终有强大的生存意识，这种意识促使他们在任何时候都不会轻易服输。在他们的字典中，没有"放弃"两个字。

美国一家电视台曾经录制了一期别开生面的谈话节目，导演请来一些特殊的客人对观众讲述他们的经历。这些客人之所以特殊，是因为他们都有遇险的经验。有些人在沙漠中迷路十几天最后获救；有人在地震时被困在乱石中，在快渴死的时候被解救；还有人遭遇过海啸、泥石流等灾害。导演相信这是一期有益的节目。

节目时间只有45分钟，但似乎足够了。这些劫后余生的人的经验几乎是一致的：面对灾难，最重要的就是意志力，反复告诉自己再坚持一下。能挺到最后，就有生存的希望。奇迹总是在那些求生欲强烈的人面前出现。

什么是转机？转机不可预测，却切实存在于每个奋斗者的奋斗过程中。曾经濒临绝境的人、有过绝处逢生经验的人，比旁人更相信转机会出现。在他们眼里，转机并不是一种运气，而是一种坚持，对生命的坚持、对生活的坚持。在困难的时候，相信转机会出现，能够让人们变得坚强，而坚强又能反过来支撑人们继续坚持。

坚强既是一种品格，也是一种精神暗示。足够坚强能使自己相信希望，并凭借这种信念将事情向好的方向引导，成为一种积极力量。挺得住、扛得住的人，才能够走到最后、做到最后；而对那些半途而废的人，命运则会显出残酷的一面。那么，如何在逆境中保持坚强？

（1）多给自己积极的心理暗示

在同种情况下，从概率来看，每个人的机会都是差不多均等的，但是，积极的人总能比消极的人获得更多机会，因为积极的人总在用眼睛寻找可能的出口，而消极的人处在放弃状态，即使机会就在他们身边经过，他们也视而不见。

所以，能够给自己积极暗示的人往往有更多的胜算，因为心态是向上的，自然就多出了对抗困难的勇气和挑战困境的活力，即使暂时的失败也不能让人灰心，一份如"没问题""很快就会好转"的暗示，会让人有更多精神撑下去。

（2）想想自己能够做什么

在紧急情况下，只要不被恐惧完全击倒，每个人都想做点什么，不过要有思考做前提，不能手忙脚乱、胡乱行动，否则找到的也许不是转机，而是另一次危机。只有冷静分析才能做出正确判断。

最简单的方法是把自己能做的事在心中列出清单，逐一分析可能性，最重要的是分析你去做之后的结果，会不会给自己的处境带来好转。如果你想到了什么能够改变现状的事，就应该立刻去做，任何努力都好过无所作为。

（3）耐心等待，不消耗任何精力

在努力中，还有一种情况需要注意，就是当你发现所有努力都不如原地等待，这时等待就是最有意义的作为。不要认为行动都是有效的，如果你的任何行动都不能改变现状，只会增加自己的危险和困难，这种无用功没有任何意义，不值得提倡。

想要等待转机到来，就绝对不能给自己添乱。要明白保存实力的重要性，不在机会到来之前倒下是你能给自己的最大保护，想要挺得更久，更要积蓄实力和资本，既要考虑下一秒转机会出现，又要保证下一秒转机不出现，你还能继续撑下去。

"挺住"作为一句口号，有激动人心的力量，一旦付诸行动，中间的辛苦只有自己知道。不管出现什么样的危机，都要抱定一种态度：撑下去，由此消除不必要的忧虑，耐心寻找机会、等待机遇。换言之，转机就是"精诚所至，金石为开"。

顺应态势，才能心想事成

在生活中，我们常常听到"心想事成"这句祝福，也衷心希望一切事情都能像我们心里想的那样一帆风顺。很多时候，我们不是梦想天上掉馅饼，而是万事俱备，只欠东风，付出了大量的辛苦与汗水，就等待着事情向好的方向发展。但事实往往不符合我们的想象，事与愿违的事比比皆是。我们为此焦急忧虑，却毫无办法改变现状。不是我们做得不够，而是时机也是成功的重要条件。面对这种情况，只能说一句无奈，感叹自己运气不够好。

即使是足智多谋的诸葛亮，头脑里有很多锦囊妙计，也不能预料到所有事的发生，也会有失败的时候。人生有一定的局限性，有智慧的人会遇到用智慧无法解决的情况，譬如秀才遇到兵；有体力的人会遇到体力无法胜任的情况，譬如散兵遇到有谋略的大将；就算一切顺利，事业有成，我们也要遭遇生老病死。这时候，智慧、地位、金钱都不能让我们快乐。

沉稳就是敢于承认这样的事实：没有人能够掌控一切，所以我们要学会顺其自然地生活。顺其自然不是逆来顺受，而是适应环境，在环境中寻找转机、寻找出口，再走出自己的路。如果没有这种心态，只能对着不如意的现状干着急，让自己越来越郁闷，却更加没办法看清事情的本来面貌。

一只蜜蜂风风火火地飞在花丛中，路过的蜻蜓说："喂，你整天忙着采蜜，一分钟也不歇着，不累吗？快休息一下，跟我一起聊聊天吧。"

"我哪有那么多时间！"蜜蜂头也不回地说，"你看，这个花园里有这么多的花，而且它们还在不停地开，我一刻不停地采也采不完，怎么能休息呢！"

"可是，就算你再着急，以你自己的力量也不能采完所有花朵的花蜜啊。如果你不休息一下，很快就会累倒。到时候，你再也不能采蜜了。"蜻蜓劝说。

"如果我休息，我采的蜜就会减少，怎么能休息呢？"蜜蜂说着，继续飞向下一朵花。蜻蜓叹气说："我平时也要捉虫子，但是，如果我想抓所有的虫子，非累死不可。一天到晚急急忙忙，生活还有什么意思呢？"说罢摇摇头飞走了。

蜜蜂认为它生活的意义就在于采花蜜，它一刻不停地采蜜，急匆匆地飞来飞去，总是认为时间不够用。现代人也总觉得时间不够用，他们忙着赚钱、忙着充电、忙着社交，他们的日程表排的越来越满，常常觉得时间怎样都不够用，事情永远也做不完，甚至只会增加，不会减少。但是如果让他们关掉手机，放松休息一天，事情其实没有增多，效率反倒有所提高。

一张一弛，文武之道。急匆匆的生活固然给我们带来一定的好处，却也给我们心理上留下了巨大的压迫感，现代人常常觉得自己不敢放慢脚步，一旦放慢就会被别人追上、赶超。在人生的道路上，需要漫步、长跑、冲刺交替进行，如果什么事都要冲刺，只会累垮自己。有些时候，我们需要学会顺其自然。

（1）学会预测事物的结果

沉稳的人有一个区别于常人的特点，就是"一切尽在把握中"，一件事在做的时候，他们似乎就知道结果。于是成功了不会见他们欣喜若狂，失败了也不会看到他们垂头丧气。

对于沉稳的人来说，万事皆有可能，周全的计划和步骤不一定换来成功的结果，他们能够接受失败，不是因为有预测能力，而是有重新开始的魄力和心胸。如果每个人都学会预测事物的结果，即使没能达到目的，至少能在很大程度上避免损失。况且，学会预测一个行动可能带来的结果，本身就是对思辨能力的一种锻炼。

（2）承认自己的付出和努力，不要强求

人生道路上，挫折和打击在所难免，事情的结果也不是我们能够控制的，这个时候，如果一味地惋惜自己付出的时间和精力，认为自己浪费了宝贵的青春，本身就是对生命的另一种浪费。失败固然让人沮丧，但它也给了人珍贵的经验和丰富的回忆。

与其为失败焦急，不如坦然承认它，承认它的同时，也认可了自己曾经的努力——尽管努力的方向不对，或努力得不够，但这是对自己的一种尊重。成熟的人追求结果，却不强求结果。在他们身上有一种大度之美，我们称为境界。

（3）不要整天和他人比较

有些人的焦急来自比较，本来觉得自己不错，一旦和人对比，就发现自己引以为傲的优点，别人身上也有；自己能够做到的事，别人也能做得更好。当差距真实地摆在眼前，想不着急都难，这时候就不再有轻松的心态，而是铆足力气忙着赶超。

但是，人与人素质不同，能力有差异、境遇有好坏，这就造成了有些人在某一方面看似比他人优秀，如果你一一比过去，只会让自己活得更累、更不自在，甚至变成一种自我折磨。应该尽量避免因为别人的事而影响自己的心情，否则只能被别人牵着走，更加无法掌控生活。

我们应该用沉稳控制自己的脾气，因为生活并不是我们想象得那么完美，现实往往不尽如人意，焦急和焦虑是每个人都曾产生的情绪，极大地影响了我们的心情，也让办事效率大打折扣。特别是在紧急关头，不论有多急的脾气，都要冷静思考，让自己在困境中能够抽丝剥茧，看清事情的眉目，寻找一线生机。有定力的人在任何时候都能站住脚跟，在困难面前定得住，才能顶得住，才有可能成为最后的赢家。

02

话到嘴边能把得紧

对秘密，守口如瓶

秘密可大可小，大至国家机密，小至个人隐私，只要是别人不想让旁人知道的事，都可以称为秘密。有时候你觉得旁人的秘密微不足道，甚至不足以当作秘密，但对那个人来说却是关系到个人隐私，不容他人侵犯。他们需要小心翼翼地守着自己的禁区，只让少数人涉足，这就又给秘密增加了一层神秘色彩。

通常人们都有一种探秘心理，越是不能让人知道的事情，越能引起人的好奇心，恨不得一睹为快。这时候就更要懂得控制自己，即使听到了别人的隐私，也不能随便嚷嚷，更不能当成自己的资本，故弄玄虚地向人炫耀。要知道别人的秘密不是你的资料库，如果将别人的秘密作为把柄，更会让你失去朋友和他人的信任，声名扫地。

美国总统罗斯福年轻的时候曾在海军担任军官，在这其间发生过一件趣事。

一天，罗斯福和一位朋友一起喝酒，朋友对军事上的事不了解，但很好奇。他问罗斯福海军在加勒比海的战略部署，包括美国正在某个小岛上建设的军事基地，罗斯福知道这位朋友纯属好奇才会打听这些，他不想扫朋友的面子，就对朋友说："我说的话，你能保密吗？"

"当然！"朋友立刻说，"诚信是一个人的原则问题，我当然能保密！"

"没错，所以我也能。"罗斯福说着，做了个鬼脸。朋友哈哈大笑，不再多问。

有了秘密，就有泄密和保密。人们说保守秘密的最好办法就是不将秘密说给任何人听。不过，每个人都有倾诉欲望，除了少量的工作机密，人们都倾向于有几个可以倾吐心声的密友，能够和他们分享心中的私密，听听他们的意见，减轻自己的压力。这个时候，就需要听到的人保守秘密，不要随意外传。

能否保守秘密，涉及一个人的原则和人品。在生活中，我们常常认为"是否能够为他人保密"和"是否守信"一样，是判断一个人品德的最基本标准。能够做到的人，我们才会放心地和他们交往，否则就会被视为"嘴不严"，说什么都要再三掂量，以防对方泄露，这样的人自然不会成为他人的知己。在生活中，沉稳的人这样对待秘密：

（1）把秘密当作耳旁风

每个人都有机会听到别人说秘密，可能是密友间开诚布公的谈话，可能是朋友酒醉后吐出的真言，也可能是无意中听到了一句议论却事关重大。知道了别人根本不知道的"秘密"，人们心里难免有窃喜的感觉，但是，窃喜之后就要提醒自己："这是秘密！"

对待秘密最好的方法是把秘密当作耳旁风，听完就忘。只有如此，秘密才不会成为你的负担，也不会成为别人的负担。以轻松的态度对待秘密，不必总是想着它，更不要去宣扬它，就能保证自己的保密度始终高于他人，成为别人眼中的守信者。

（2）不要提醒别人你知道他的秘密

有些时候，我们无意中知道了他人的秘密，也许他人信任你的人格，也许他人担心你泄密。知道了就是知道了，你不用一再向人保证你不会说出去，也不必刻意装作根本不知道，这都会让秘密的主人更紧张。最重要的是，永远不要提醒他人你知道他的秘密，有些事你不说，别人可以拿出成年人的心态——说的人当笑话说，听的人当胡话听。一旦你提醒，别人就会产生更复杂的想法，认为你另有所图。

（3）不要让旁人认为你什么都知道

生活中有这样一种人，他们自诩"什么都知道"，专门喜欢打探别人的隐私，并靠宣扬、交换这些隐私来取得更多人的好感。这样的人让人反感，没人喜欢。他们常为知道别人的秘密而沾沾自喜，最希望的就是有人围着他们问东问西，享受一种被关注的虚荣感。

不想被别人看成包打听的"消息贩子"，就不要让人觉得你什么都知道。当有人问你他人的隐私问题，你即使知道也要说"不清楚"，与其让自己失去信誉度，不如当一个一问三不知的倾听者，把自己的秘密和别人的秘密都放在心里，才真正具有沉稳的气度。

（4）不要说任何捕风捉影的话

多数秘密听到了没有关系，最重要的是不说出去。秘密有时虽然鲜为人知，却不一定就是事实，不要认为它的内容和你看到的不一致，就觉得它可信。何况，有人散布的也许是别有用心的"秘密"，你相信了，就等于被骗了，把未经查证的秘密宣扬出去就是造谣。在生活中，一个有头脑的人会谨言慎行，他们知道要对说出的话负责，所以不会去说任何一句捕风捉影的"秘密"。

生活中，我们难免会接触到他人的隐私，这个时候，要用理智的行为来对待，不要让别人觉得你不重视秘密，因为那代表着别人对你的信任和托付；但也不能让人觉得你过于重视它，会让别人觉得有把柄落到了你手中。要牢牢记得对待秘密的准则：知道就好，切勿传播。

不让争执变成习惯

在生活中，我们经常遇到与人争执的情况，争执有大有小，大到原则问题，小到鸡毛蒜皮的小事。每个人都有自己的脾气，遇到一句话不对，双方多说几句，拌嘴就会变成争吵，争吵如果没有结果，还可能变为严重的分歧和对彼此的仇视。

有些人把争执当作习惯，事事都要争个明白，即我们经常说的"较真儿"。较真儿的人什么都要计较一番：在公司里，他们会和上司计较任务的分配是否公正、自己是否多做了；在公交车上，他们会计较是否有人"加塞"，不管别人有没有急事；在超市里，他们会计较蔬菜的斤两，防止自己吃亏……总之，他们的较真儿基于一种"保护自己"的心态，甚至觉得这全是自己的正当要求。这固然没有错，但在别人看来，未免有点小肚鸡肠。

没有人能做个人人喜欢的好好先生，所有人都不能避免争执，但是也不要做个小肚鸡肠的人，总被卷到是非里，或者总是引起是非。这只能说明一个人的性格太过浮躁，不能控制自己，想要改善自控力，仍需要在沉稳上下功夫。

一位高僧带着弟子进城化缘。城里有个无赖叫王三，小时候念过几天书，肚子里有点墨水，却仗着家里有点钱而横行乡里，见人就要挑衅。王三听说高僧的名头，便特地带了几个家丁，耀武扬威地拦住高僧的路。

王三对高僧打量一番，斜着眼睛说："听说你是个得道高僧，地方上的要人都敬你三分，我看也不过如此，你真的像他们说的什么都懂吗？"

"哪里，贫僧什么都不懂。"高僧不动声色地回答。

王三带着家丁大肆嘲笑高僧一番，才让高僧继续赶路。从那以后，王三经常在城里宣扬高僧不过浪得虚名。弟子们听了不禁为师父叫屈，高僧说："王三为人轻狂，若跟他争辩，他肯定不服，还要胡搅蛮缠。何必做这种徒劳无益的事呢？"

一年后，高僧仍是众口称赞的高僧，王三仍是横行街里的无赖，而且名声越来越坏。弟子们这才明白师父为何退让，这退让里包含了多少为人的智慧。

沉稳能够让你判断遇到了什么样的事，即使事情有点倒霉；能够应对不对路的人，即使他在找你麻烦。有些人遇事喜欢逞一时口舌之快，对于有理的事，他们寸步不让，一定要用自己的好口才说得别人哑口无言，以证明自己的正确。其实，有理不在声高，更不在你说了多少，有时候简简单单一句话好过开个辩论大会或者批斗大会；这些人一旦形成了凡事较真儿的习惯，即使自己没理，也要"搅三分"，非要别人同意他的观点。这样的人就像故事中的无赖王三，他以为自己占得上风，其实不过是在仗势欺人。

对于这样的人，最好的做法是像故事中的高僧那样不予理会。与无赖争辩，就是把自己下降到无赖的层次，即使争出个所以然又能怎么样？人们看到的不过是两个无赖在吵架。不如退让一步，不为这种争执浪费时间，也不为无赖贡献吹牛的资本。日久见人心，时间长了，人们自然能够区分什么是涵养，什么是无理取闹，这也是一种为人处世的沉稳。那么，如何在生活中避开无谓的争执？

（1）平时说话，不要直来直去

与人争执，有时是别人在找碴儿，有时是自己在找麻烦，平日说话就要注意分寸，避免埋下麻烦与祸端。有些人说话喜欢直来直去，不懂委婉，总是把自己的观点表达在明面上。这种性格固然会带给你"坦率""耿直"等赞美，但在更多时候却会为你树立对手。

对那些无关紧要的小事，多数人都会"睁一只眼，闭一只眼"，宁可糊涂一点。其实糊涂一点没什么不好，如果当别人说话的时候，你想也不想就反对；当别人都在夸奖的时候，你偏要高调地来一句批评，让他人下不来台。如此一来，他人不会敬佩你的"耿直"，只会觉得你太不体谅人。委婉的人才能灵活，直来直去的人走的不一定是既定方向的直线，有时候是偏离方向的斜线。

（2）发生争执，尽量转移话题

如果我们愿意检讨一下争吵的原因，会发现多数吵架都是因为芝麻绿豆大的小事，你一言，我一语，谁也不让谁，才会吵得不可开交。

如果有一方愿意少说一句，多退一步，吵架就能够避免，而针锋相对只会让矛盾愈演愈烈。

回头想想，为了这么点小事吵得面红耳赤不值得，所以不妨首先做那个愿意退让的人。这就需要具备判断力和控制力，判断力是指判断吵架的原因究竟需不需要据理力争，还是可以笑一下就过去。控制力是指对方对你恶言相向时，你能不能压下自己的脾气，首先将话题转开。如果你愿意转移话题，只要对方是有基本判断力的人，也会顺着台阶忍下自己的脾气，配合你的话题，这样就能顺利避免一场争吵。

（3）当别人故意挑衅时，不要理会

有时候我们会遇到故意找碴儿的人，这个时候，只能选择避其锋芒。不要为一时之气惹事，这并不是胆小，而是没必要为一件没必要理会的事浪费自己的时间。明知道对方的目的是挑衅，是撩拨你的脾气，还要上当，是一种不智。有人没事找事的时候，你更不能应对这个"闲事"，不如劝自己心胸开阔点，多一事不如少一事。

沉稳的人极少与人争执，特别是无谓的争执。他们明白宽容是人际关系的润滑剂，即使面对他人的无理取闹，他们也会一笑了之。他们更不会在谈话中咄咄逼人，让他人无路可退。于是，他们原本的敌人不再是敌人，原本的朋友成为知音，人生道路更加畅通无阻。

活在没有抱怨的世界里

在生活中，不沉稳的人常常让我们觉得头大。他们的单线思维、他们的一根筋、他们的喜怒形于色、他们肤浅的分析能力，还有他们根本不考虑自己的行事作风，都让身边的人备感厌烦。例如，他们并不是别人的顶头上司，却经常对别人指手画脚，发表一些"高见"；出了事情，他们不先检讨自己的毛病，首先要埋怨别人做错了，耽误了自己。更让人没办法忍受的是，他们其实并不是没有责任感，也并不是没有能力，他们只是习惯了抱怨别人和指责别人。一天不抱怨指责，他们就难受。

一个人一旦习惯抱怨和指责，便再也看不到自己的缺点，而是习惯于挑剔别人，从别人身上找错误，以证明自己的正确。这样的人往往带了一点优越感，认为自己不可能出错，出错了就是别人的问题。其实，这就是一种推卸责任的行为，把自己本应担负的责任推给别人，换来心理上的轻松。

抱怨和指责还有更深层次的心理原因，就是抱怨的人遇到了不顺利的事，他们急于发泄心中的郁闷和不满，抱怨他人、指责他人就成了他们脾气的出口，他们通过这种方式来发泄怒气，让自己获得心理平衡。殊不知，这样做虽然暂时把不良情绪转嫁到了别人身上，却会招来他人的不满与怨恨。久而久之，他人拒绝与抱怨者相处，抱怨者的处境自然就会更糟糕。这时候,他们就会有更多的抱怨和指责,形成一个恶性循环。

司先生是某个公司的主管,他被人戏称为"司令员"。司先生是有名的急脾气,手下做错了事,他总是不问缘由,劈头盖脸先骂一顿,消了气以后才开始分析问题。他手下的人常常哀叹自己怎么摊上了一个这样的上司。后来,司先生升职去了总公司,他自己春风得意,手下的人也欢天喜地。

到了总公司后,司先生遇到一个难题,他发现下属们怠工情绪严重,他想要及时解决这个问题却苦于没有方法,只好和从前的下属联系:"难道自己的领导方法出了问题?那为什么以前配合得好好的,换个地方就不行了?"

下属和司先生有多年的交情,此时忍不住实话实说:"其实,你以前也有不少问题,只是大家习惯了你的脾气,没有表现出来。别人犯了错,你问都不问就指责,谁能受得了?平时你总是抱怨手下太笨,什么都要自己做,了解你的人可以不跟你计较,跟你不熟的人会怎么看你?要想在新地方站得稳,的确要改改你的脾气……"

抱怨指责的话一旦说出口,如果别人没有及时反驳,抱怨者就会更加认为自己没错,于是,他们渐渐形成了习惯,常常"出口伤人",殊不知,自己给他人带来了巨大的压力。故事中的司先生曾经有一群宽容的下属,他们愿意容忍司先生的脾气,但是换个地方,这种脾气就不被包容了。如果抱怨和指责没有任何凭据,谁愿意做另一个人的"情绪垃圾桶"?

抱怨和指责反映了一个人的脾气禀性，不论是抱怨他人做得不够好，还是指责他人做得不够多，被抱怨者难免产生同样的怨气，甚至反问那个抱怨的人："你自己做得如何？你以什么身份抱怨或指责我？在你抱怨或者指责的时候，有没有考虑到我的感受？"这些问题往往都不在抱怨者的考虑范围，可见，抱怨者太过自我，只看重自己看到的那一部分，考虑不到别人，长此以往，就会抱怨成性，遭人厌恶。那么，如何克服抱怨和指责？

（1）想要抱怨，先检讨自己的不足

抱怨是生活中常有的事，对于喜欢抱怨的人，气温升高一度都可以成为抱怨的理由。每个人都会抱怨，遇到倒霉的事，抱怨两句不是什么问题，怕的是一直抱怨，把抱怨当成生活的全部。

想要抱怨的时候，不妨先想想眼前的"倒霉情况"究竟是怎么形成的，自己有没有责任，有什么责任。只要认清自己的责任，抱怨自然就说不出口，明明自己有错，怎么能去抱怨别人呢？正确的自我认识是克服抱怨的第一步。

（2）想要指责别人的时候，先想想别人的优点

指责也是人们常犯的毛病。当别人犯了错误，作为上司、朋友、长辈、同事，甚至陌生人，都可以指责，但要把握指责的"度"。特别是熟人之间，口无遮拦的指责会伤害到彼此的感情。想要指责别人的时候，不妨先想想别人的优点，想到优点，口气自然会变好，说话用词也会更加委婉，达到更好的沟通效果。

（3）想要抱怨、指责的时候，立刻逼迫自己去做其他事

不论抱怨还是指责，都是应该克服的习惯，想要克服并不难，只需要付诸行动。抱怨或指责的话到了嘴边，立刻闭嘴，去做别的事，

工作、娱乐，甚至看看风景，什么事都可以。一件事当时没抱怨，过后就不好再跟别人抱怨；当时没指责，也不好再"秋后算账"，如此一来，就会慢慢改掉这个习惯，让它再也不会困扰自己或他人的生活。

（4）不要一味抱怨，想想解决办法

很多人习惯性对生活抱怨，却不知道自己究竟在抱怨什么。举个最简单的例子，很多人抱怨自己的公司薪水低、工作累、没有发展，他们只知道抱怨，却不会因为这种状况试图改变自己。其实这不是在抱怨，而是在逃避，逃避进取也逃避机会。他们的骨子里有一种惰性，一方面不满意现状，另一方面又不知如何改变，也害怕改变现状。

抱怨和指责大都来自不愿改变现状的惰性，如果能常常想想自己究竟在抱怨什么、指责什么，想想如何解决这些麻烦，人们的心思就会不再为自己和他人的一时错误纠结，目光也会更长远。这个时候，事事不顺就会被看作一种考验，而不是一种不公正。如此，人们会有更多的勇气去面对困境，积极解决。

"抬杠"伤人伤己

做事有打算、说话有分寸，都是沉稳的一种表现。话在肚子里的时候只有一种：心里话。话一旦出口，就会被人认定某种性质，例如客气话、场面话、掏心话……有一种话常常作为日常生活的调剂，如果说得不多，它会成为人与人关系的缓和剂，以它的幽默和狡黠让交谈双方会心一笑；但一旦说多了，就成了让人反感的挑衅，甚至会成为拌嘴的导火索，这种话俗称"抬杠"。

抬杠的人有的是因为喜欢耍贫嘴，习惯性地和人唱反调；有的是喜欢认死理，别人说"是"，他们非要说"不"。抬杠到最后，他们已经忘记了自己最初的立场，只要对方说对的，他们一定要想方设法证明不对。这时候，另一方也许已经禁不住他们的咬文嚼字，干脆结束话题；也许从此对他们心怀芥蒂，成为日后相处的障碍。

"抬杠"不但伤害人与人之间的感情，还会让人损失很多东西。抬杠的人每天会把很多脑力和精力用在耍嘴皮子上。他们太过注重口头上的是与非、得与失，以致很难把精力集中到正事上，他们似乎把该办正事的精力全放在口头上，让人们怀疑他们为什么不去加入辩论队，如此也许能"发挥特长"。这并不是夸奖他们口才好，而是在讽刺他们只会嘴上功夫。何况，辩论的人能始终坚持自己的论题，使所有话都为自己的论点服务，抬杠的人只知道反驳对方，常常强词夺理，哪里有辩论的架子？

某所高中的两个老师喜欢抬杠,他们教的都是语文,在同一个办公室里,每天都能听到他们抬杠。一个夸A班的某学生作文好,另一个一定要抬出B班的另一个学生,说他的文章更好。他们两个口头功夫费了不少,可是,两个人带的班级的平均成绩远远不如同一办公室的何老师。

何老师从不和两个同事抬杠,她知道这两个人抬杠成性,每次讨论课件的时候,她都会直截了当地说:"我知道你们说的那两套方法不错,现在我要说的是我的看法。"一句话堵住了两个同事的抬杠念头。何老师私下对朋友说:"他们每天都会为谁好谁坏抬杠,同样的时间,为什么不用来备课呢?何况,总是抬杠,没有实际意义不说,还影响同事间的感情,真不明白他们整天在想什么。"

抬杠的人有个特点,他们的思维灵活,反应也比平常人快,口才还很好,兼具刻薄和幽默,这些都让他们在抬杠中有话说。不过,"有话抬杠说"不如"有话好好说"。善意的言辞永远受人欢迎,而抬杠的人抬杠久了,总让人觉得不耐烦,不是认为他们在看笑话,就是认为他们在泼冷水。其实抬杠的人未必有这个意思,他们只是养成了凡事都要多说几句的习惯。可以说,他们有点卖弄的意思。

就像故事中不停抬杠的两个同事,他们的抬杠只是为了和对方过不去,无形中浪费的是自己的精力,还影响了同事间的关系。俗话说"好钢用在刀刃上",好的学识、好的口才也是如此,抬杠的话说一两句尚可以表现自己的机智风趣,多了就成了令人厌烦的贫嘴,还是少说为妙。那么，如何"打住"抬杠的念头？

（1）克制自己的好胜心

抬杠其实是好胜心在作祟，凡事不愿落在下风，即使在口头上也不愿被人占了便宜，所以才会一句跟着一句地和人抬杠。其实，口头上的胜负最不实用，就算抬杠赢了也不能显出你的真才实学，只会让人觉得你会耍嘴皮子。

好胜心人人有之，不甘落在下风也是人之常情，不过，抬杠的人常常会给人一种感觉：这个人没有实力，只会抬杠。其实，这个抬杠的人未必没有实力，但他长久地和人抬杠给周围人形成一种错觉：抬杠是为了掩饰他在其他方面的贫瘠。有实力的人往往比较稳重，很少将多余的心力用来与人抬杠。

（2）拿实际成绩说话，不要耍贫嘴

抬杠又被称为耍贫嘴，由此可以看出人们对这种行为的不赞赏。耍贫嘴的确能给他人带来一些笑声，给生活带来一些调剂，但贫嘴耍多了，耽误的是自己。

真正好胜的人在意的不是口头上的长短，而是实打实的成绩。口头上的胜负不会被人记住，就算记住，也只能记下"那个人口才不错"这类算不上特长的表扬，而且，把口才用作抬杠，未免大材小用，不如将自己的好胜心用在该用的地方，还能做出一番成绩。

（3）不要总是否定别人

抬杠的人有一个特点：他们喜欢否定别人，否定别人的话、否定别人的提议，他们没有什么原则立场，只是习惯性地否定他人。而他人知道他们在抬杠，也从不重视他们的意见。长此以往，抬杠的人说的话越来越没有分量，有时候说句正经话，别人也以为是在抬杠，不予理会，让他们自己觉得很郁闷。

沉稳的人不喜欢与人抬杠，他们知道抬杠容易造成人与人之间的偏见和误解，甚至会和他人结下芥蒂，虽然这种芥蒂一时之间不会显现，但等到显现的时候，二人已是结怨已久。在人与人的交往中，如果能时时抱有尊重他人的心理，即使有时会说几句逗趣的话，也不会发展成抬杠。其实，抬杠的话到嘴边，缓和一下就可以变为一种幽默的调侃，喜欢炫耀口才，无法改变的人，不妨先试试这种方法。

切忌打破砂锅问到底

在人际交往中，人们较喜欢和沉稳的人接触，因为沉稳的人最会把握人与人之间的分寸，你根本不用担心他们会问出不合时宜的问题。而那些不沉稳的人有时像是追踪新闻的记者，又像是哪个机构派来的人口调查员，一旦和他们谈话，并引发他们的好奇心，他们的问题就会像机关枪射子弹一样，全方位、多角度地向你袭来。他们的问题五花八门，从家庭到学习成绩，从交友到恋爱观，不论你如何表示不想回答这些问题，他们都会问个不停，一定要挖出答案。你不回答，他们誓不罢休，也就是人们常说的"打破砂锅问到底"。

大概每个人都有过当"砂锅"的感受，不管你有多不情愿，对方就是不停地问你，不许你不答，换着花样逼问答案。你如果不告诉他们，他们会嗔怪你"不够意思"；你如果因此发怒，他们会说"开个玩笑，这样就生气了"；你如果干脆不理，他们会说"装什么装，又不是什么秘密"……明明是他们不重视隐私，随口就问，到最后，错误都怪到了"砂锅"身上，你说这样的人讨厌不讨厌？

有时候，你问别人一个问题，可能是出于好奇，可能是出于挑起话题的需要，那么你是否注意到别人听到问题时脸上闪过的一抹不自在？你是否留意别人在回答时字斟句酌，根本不想深谈？我们也都在不经意间提出过不受欢迎的问题，给别人带来不便。

小怡出国留学两年，回国后受到父母、朋友的交口称赞，都说小怡"长大了""会说话了"。小怡对自己的评价是："我以前好奇心太强，在外面两年，碰壁多了，自然就学会了看眉高眼低。现在不会像以前一样，拉人家问个没完。"

过去，小怡是个热情得过了头的女孩，特别是对初次见面的人，她怕冷落了对方，让对方不自在，总会抓着人问东问西。小怡是直性子，对"体重""年龄""收入""家庭状况"这些涉及个人隐私的问题不知道回避，常常让人答也不是，不答也不是。

现在，小怡仍然很热情，但不会让初次见她的人不自在，她会问一些轻松的话题，例如"你今天穿的裙子好漂亮，是在哪里买的""听××说你擅长功夫茶，传授一点'功夫'吧"等无伤大雅又能提起别人谈话兴致的问题。最重要的是，从前小怡问问题，只要问出口，不得到答案誓不罢休，现在，发现别人不想回答，她会聪明地换一个话题，让双方都不尴尬。

好奇心如果没有尺度，就会让你变成人人惧怕的"八婆"，即使你出于关心想要了解别人，也会被人理解为打探隐私，甚至怀疑你的人品，所以在与人交往的时候切忌交浅言深，不要在与别人不相熟的情况下就问东问西，这涉及一个人的修养。试想，如果一个陌生人对你问个没完，你会不会反感，会不会觉得这个人别有用心？

即使对熟悉的人，太强的好奇心也没什么好处。每个人心中都有一些不愿意让他人知道的秘密，不要以为你们的关系好，他就必须对你坦白。尊重别人的秘密是一种成熟，如果你们是朋友，你应该比他人更加尊重朋友的隐私，不要强迫朋友说不愿意说的事。任何时候，都不要打破砂锅问到底，不妨以下面三点来要求自己：

（1）不要打听别人隐私

隐私对每个人来说都是重要的、私人性质的。有些时候它是神秘的、无人知晓的；有些时候它虽然尽人皆知，但本人根本不愿谈论它，宁愿当作谁也不知道。不管哪种情况，隐私都是一个人心中最重要的部分，随便询问构成了一种"侵犯"，最容易遭人反感。

各个国家、各个地区的人对隐私的概念不同，不同文化中对隐私的界定也不同，想要更好地与人交往，首先要了解他人隐私的大致范围。还有一个方法就是与人交往尽量用常规谈话和讨论具体问题的形式，这样既能避开隐私问题，又能保证双方互相了解、增进情谊。

（2）不要问别人他们不知道的问题

有时候碰到一些人，特别是一些我们觉得专业或者有充足人生经验的人，就会忍不住问一些问题，但是，倘若你问一个老师"某某学生能不能考上重点大学"，而在成绩发布之前，这种问题不可能有准确的答案，只会让被问的老师为难，所以，当你想要提问的时候，不妨设身处地地想想自己是否能够回答这类问题，如果答案是否定的，还是不要开口为妙。

还有的时候，你认为别人应该知道的问题，理所当然地询问，却可能换来别人的尴尬，多数时候他们摆着手说："我不懂，我不懂！"这个时候，旁人嘲笑、轻视的其实是提这种问题的你。

（3）不要逼迫别人说不想说的话

在人际交往中，你会发现有些人喜欢答非所问，你问的是A事情，他回答你B事情，这让你怀疑对方理解能力有问题。其实有问题的不是对方，而是你。有些人说话委婉客气，这个时候你要懂得辨别。当你察觉别人不想多说，就不适合再继续追问下去，否则就是在逼迫他人说根本不想说的话，这同样是一种令人厌恶的行为。

沉稳的人在提问之前会先自己想一想答案，能想出来的，他们干脆不问；不确定的，他们会想想这个问题是否涉及他人隐私、是否会引起对方不快，还会想想是不是对方根本不知道答案。不管是哪种提问，都不要变成打破砂锅似的盘问，这会让原本融洽的谈话变成审讯，让对方兴趣尽失。

谈话时不触及别人的短处

有人认为不直来直去地说话就是一种虚伪，其实直话有时会伤人。比如，一个姑娘拒绝一个男孩的追求，说"我觉得我们不合适"比"我觉得你长得不够好、学习成绩太烂、没有发展前途"更委婉，也更容易让人接受。有些直话应该留在心里，保留谈话双方的面子。

还有一种话比"直话"更让人难以接受，就是专门揭人短的"损话"。比如看到一个矮子，有人说直话："这个人真矮。"矮子就算敏感，也知道他说的是事实，不至发怒。偏有一种损人，说句"站在高脚凳边上，不知哪个高一些"。这样一来，别说被讽刺的矮子，就连路边听到的人都会忍不住想这个人太没有口德，缺乏家教。说话不给人留面子，其实就是在扒掉自己的面子，哪个有教养的人会没事去挑别人的短处作为谈资？

明太祖朱元璋出生在贫民家庭，年轻的时候，他为了生计做过小偷、当过乞丐。平日，这段不光彩的过去没人敢对朱元璋提起。

一次，朱元璋少时的一个朋友听说他做了皇帝，跑到京城来找他叙旧，想求个一官半职，朱元璋想起年少时候的情谊，也想提携这位朋友一把，就把他召进皇宫。

没想到这个朋友进了皇宫还没坐稳，就开始拉着朱元璋说以前的事,他说起小时候家里穷,两个人一起去偷邻居的豆子,还因为着急吃豆子卡了嗓子。他说得尽兴,在座的大臣们看皇帝的脸红一阵,白一阵,谁也不敢说话,最后朱元璋大喝:"哪里来的妄人!马上打出去!"皇帝的朋友被赶出了皇宫,还是没明白朱元璋为什么说翻脸就翻脸。

朱元璋这位朋友自作聪明,认为说些糗事更能拉近自己和皇帝的距离,难怪朱元璋大发雷霆。谁愿意在众人面前暴露缺点,大失颜面?不论是不给人面子的直话,还是专门挖苦人的损话,都会让人反感。

在人际交往中,你要知道有些话该说、有些话不该说,想要友好交流,一定要注意他人的面子,在众人面前,谁都希望听到别人提起自己的得意事、光荣业绩,而不是伤心事、糗事。就算你不喜欢赞美别人,至少要保持谈话的底线——不要揭人短。如何留意在谈话中不触及别人的"短"?

(1)不要谈别人的失败

聊天的时候,有些人喜欢谈别人的失败,加上一些"他真倒霉""真是可惜"之类的评语,其实他们并不可惜别人的失败,对别人的倒霉也没有那么多的同情,他们只是把别人的失败作为一种谈资,甚至有标榜自己的意思。这时候,听到的人会觉得心里不舒服,特别是那些失败者,像是被一句话贴上了一个标签。

成功与失败是每个人都会经历的事,成功的人往往经过无数次失败,他们明白失败可能是暂时的,也可能是永远的。为什么要揭别人的伤疤,而不是给别人一句鼓励,让对方坚定信心呢?失败者都在默默努力,切勿给他们泼冷水。

（2）公众场合，不要对别人做负面评价

有些人喜欢自诩客观公正，像"解剖"别人，把优点与缺点说得头头是道。多数人又都有一种凑热闹的心理，听到你谈别人的缺点，乐得听个热闹。更糟的是他们喜欢传播，反正话不是他们说出来的，不用担责任。

在公共场合对他人做出负面评价就是在做傻事，没有缘故地否定一个人，会招致那个人甚至旁观者的反对。你未必像你想的那样了解他人，也未必具备资格居高临下地评价，当你满不在乎地说着别人的缺点时，别人也正在心里对比你的缺点，得出你还不如他的结论。

（3）批评时要婉转

一个有原则的人不会永远迎合他人，也不会只拣他人喜欢的话来说。在与人交往的过程中，难免涉及对他人的批评。要知道，指出对方缺点就是在揭短，被揭短的人多数会不高兴，一定要注意批评的方法。

批评最好在私下场合，只有两个人的情况下进行，谈话你知我知，没有第三个人知道；批评的时候，说话尽量婉转一些，不要那么直白，更不要劈头盖脸骂别人一通。中肯的批评、有见地的建议不但更容易让人接受，而且更容易让人理解你的一片苦心。不论什么样的谈话，只要把别人的面子记在心中，就不会招人厌恶。在人与人之间，尊重是交往的第一步。

03

烦到心乱能抚得平

世上本无事，庸人自扰之

"烦"是现代人标志性口头禅之一，我们每天都能在各种场合听到这个字。在因红灯暂停的公交车上，不止一个人说"烦死了，这么慢，迟到了怎么办"；在人头攒动的餐厅里，有人一边打电话一边露出不耐烦的神情，只差拿筷子敲盘子；在堆满文件的办公室，很多人神经高度紧张，以厌倦的神色加班到深夜……他们脸上的疲惫和厌倦让他们没有力气找人吐苦水，只能变成嘴边无奈的一个字：烦。

人生的烦恼无穷无尽，从出生那一刻，就要为生存烦恼；长大后，学习、恋爱、工作都伴随着大大小小的烦恼，没有人能说自己没烦恼，只能说烦恼有大有小，心态有坏有好。即使有再好的心态，也经不住日复一日单调烦躁的生活，而且有时候自己想要寻找一个清静的地方，寻觅一点悠闲的情致，却发现自己没有那份闲暇，需要解决的烦恼那么多，根本没有闲情逸致。

沉稳的人有一套有效的"烦恼管理机制"，从心理到行动上，他们有一种"静气"。在外人看来，似乎什么事都烦不到他们，烦恼也不会主动去找他们。这种沉稳首先是心理上的：烦恼的本质究竟是什么？不是一件事突然降临，给你添了麻烦，而是你将一切事视为麻烦，陷在混乱的情绪中无法自拔。

唐朝时，名将郭子仪是平定安史之乱的大将，也是皇帝倚重的股肱之臣，他为人低调，与朝臣们关系良好，从不招惹是非。他知道古往今来劳苦功高的大臣很容易引起皇帝的疑心，所以做起事来小心翼翼，从不抢风头。不过，自从他的儿子郭暧娶了皇帝的女儿升平公主，他便觉得日子不太好过。

皇帝的公主金枝玉叶，难免脾气刁蛮。郭暧也是个有脾气的人，常和公主发生争吵。有一次，郭暧喝醉了，又和公主吵了起来，还一巴掌打了公主，并且嚷嚷："你的父亲是皇上有什么了不起？如果没有我的父亲，他还不知道能不能当这个皇上！"这件事很快在朝廷上传开了。

郭子仪听到后吓得不轻，他心想，这件事如果被别有用心的人拿去大做文章，岂不是要被扣个"谋反"的帽子？他连忙将郭暧绑了起来送给皇帝发落。皇帝却说："不痴不聋，不做阿翁，小孩子们闺房里打架，怎么能当真呢？"郭子仪虚惊一场，不禁感叹皇帝的大度。

对于郭子仪来说，最烦恼的事就是皇帝因为郭暧的话对自己起疑心，他的烦恼不是没有道理，古往今来，多少疑心重的皇帝因为臣子的一句戏言、一句气话而导致内心不安，不得不夺走臣子的身家性命。不过，比起烦恼，郭子仪更重视的是如何解决烦恼。与其战战兢兢地担忧，不如赶快做点什么，使事情往好的方向发展。世间最烦恼的不是那些事情众多却能妥善应对的聪明人，而是那些事情不多却不知道如何处理的庸人。

世上本无事，庸人自扰之，如果用理性的眼光看待一切，就会发现很多事情并没有那么复杂，至少不会复杂到让人心烦意乱的程度。

多数时候，你采取装聋作哑的方法，烦恼自然而然就会消散，而那些没法消散的，你烦恼也没用，何必自己苦了自己？在生活中，要能够辨别什么样的事值得烦恼、什么样的事根本无须烦恼。例如下面这些事，千万不要为它们伤脑筋。

（1）无法更改的事

如果事情已经有了决定性的结论，不论结果对你来说是不幸还是郁闷，是好还是坏，它都已经成了一个再也不能更改的事实，你能做的只有尽量消化和接受，因为不论你做再多的努力，投入再多的感情，都是做无用功，根本不能给你带来任何实际益处。

和无法更改的事较劲儿就是做蠢事，还不如赶快想想下一步该怎么做。不要为无法更改的事烦恼，那只会让你的心情越来越糟糕。

（2）芝麻绿豆大的小事

一个人是否整天都生活在烦恼中，也和他的心胸有直接关系，他人给你带来的麻烦有时很不起眼，如果你连别人踩你一脚都要唠叨，别人说你一句都要气上半天，你的生活还有什么快乐可言？对那些芝麻绿豆大的小事，能放则放，一笑了之是最好的。计较那些不值一提的事，只能显得你太看不开，小心眼儿。

（3）和你无关的、别人的私事

有时候人们的烦恼并不是因为自己，而是因为他人的状况。如果对方是与你亲近的人，你的烦恼还可以理解；如果是根本与你无关的人，你长吁短叹就太过多愁善感。他人的烦恼，他人会自己解决，你再烦也使不上力。何况，他人也许只是抱怨几句，实际情况并没有那么糟，你想都不想就开始为对方着急，未免太过劳心。如果涉及别人的私事，你烦起来还会有越权的嫌疑。

(4) 真假难辨的事

有些事传来传去，谁也不知道真假，比如说办公室传出小道消息要裁员，你为此饭都吃不下去。但这件事是真是假无法考证，你还没得到确切消息就开始烦恼，未免杞人忧天。

沉稳的人会以一颗平常心对待生活，即使遇到烦恼，他们首先想到的是冷静，他们把烦恼局限在一定范围内，坚决不人为地增多。处理烦恼需要智慧，也许每天都有意外让你头疼，但至少你要告诉自己：烦恼已经够多了，千万别再自己找来添乱。

用抗压能力消化烦恼

面对烦恼，心态很重要。有时候，再好的心态也无法承受接连不断的冲击和折磨。聪明一点的人都知道不要去自寻烦恼，人生在世，谁不想潇潇洒洒、快快乐乐？有时候，不是自己去找烦恼，而是烦恼就在面前堆着，推也推不倒，绕也绕不过，想要告诉自己不去想，却发现衣食住行样样都是烦恼，没有办法不看到、不想到。

特别是现代人，烦恼更是无以计数。现代人对自己的生存状态有很清醒的认识，竞争激烈，稍不小心就会被打败，时时小心就很难心平气和。想要过得逍遥自在一点，奈何生存压力太大。现代人的烦恼多半来自生存压力和环境压力，时刻存在的紧迫感让他们只能急匆匆地来来去去。当好心情越来越少，能够调整心理状态的机会也就越来越少，烦恼逐渐挤压过来，再也无法摆脱。

对待压力，沉稳的人大多数时候选择承受、消化，少数情况会选择回避。比起那些整天烦恼的人，他们明白压力是无法避免的，想要生存就要面对压力。何况，有压力就有动力，压力来的地方都和成功目的地有关。既然想要有一番作为，就要首先承担起巨大的压力，他们甚至认为这很公平。也许就是这样的认识让他们逐渐有了良好的抗压心态，由压力衍生的那些变化、突发的紧急情况，都不能扰乱他们稳重的步伐。

进入新公司后，胡先生的生活可以用"诸事不顺"来形容。工作上，他的下属不愿意配合他的步调，甚至公开和他唱反调。上司们对他持观望态度，很少发表评价，他也摸不准领导的心理，做事越发小心翼翼。从前看上去贤惠的妻子突然多了很多毛病，变得唠唠叨叨，整天问东问西，让他烦上加烦。一直支持他的父母突然变成了"成功学家"，每件事都要过问，都要提出意见，教导他应该如何做。

一天，他和妻子发生了激烈的争吵，他怪妻子不体谅自己的烦恼。妻子说："你到底是怎么回事？自从换了新工作，你每天都不给人好脸色，以前问你什么，你都很有耐心，现在还没等开口你就先说烦！以前你遇到什么事都找爸爸妈妈商量，现在你根本不尊重他们的意见！"听了妻子一席话，胡先生才发现原来"不顺"的原因不在他人身上，他人没什么改变，变的是自己的心情。工作带来的烦躁影响了他处理人际关系的耐心，这烦躁来自换工作后巨大的心理压力，如果不能及时克服，只会让自己的情绪越来越糟。

"烦恼"这个词常常和"糟糕"联系在一起，就像故事中的胡先生，他的糟糕来自工作、生活中遇到的烦恼，烦恼来自工作、生活的不顺利，追本溯源，所有"糟糕"的原因都来自心理上无法排解的压力。最糟糕的是，这样的人一般察觉不到自己的问题，而把问题统统想成外界的、他人的，于是他们的境遇就越来越不顺利。

一个人的心情也分恶性循环和良性循环，像胡先生这样"压力—烦恼—更大压力—更多烦恼"就属于恶性循环，如果能在压力产生之初看开一点，积极寻找解决问题的方法，合理排解心情，压力的分量就会减轻，烦恼就会变少，就能使人更有干劲，解决更多的事，这样就形成了一个良性循环。每个头脑聪明的人都应该按照以下方法保持这种良性循环。

（1）合理的饮食和作息

爱惜自己要从爱惜身体做起。身体是革命的本钱，心情上的问题和身体是否良好息息相关。拥有合理的饮食习惯、按照正常时间起床睡觉，看起来和心情没有什么关系，却能让身体维持一种健康的状态，至少让疾病和亚健康远离你，不会在生理上给你带来新麻烦，而且也能抵抗焦虑，让心理不那么紧张。

（2）适当的运动

运动的好处很多：能够保持身体的健康、提高免疫力、健美身形、防止肥胖……相反的是，越来越多的现代人喜欢待在家里，不出去呼吸新鲜空气，一个人憋在狭小的空间，很容易想东想西，不是麻烦的事也被想成麻烦。如果能出去运动一下，既锻炼了身体，又在劳累中享受到"焕然一新"的充实感，真可谓是一件一举两得的好事。

（3）陶冶身心的业余爱好

闲暇时间，与其为烦恼伤身，不如培养自己的爱好。不论是听音乐还是烤面包，那些让你觉得有趣又有成就感的事都能让你察觉到生活本身的美好，从而使你在业余爱好中发掘很多乐趣，那些一直压在自己身上的烦恼也能暂时放在一边。和你得到的欢乐与笑声相比，烦恼是件不受欢迎的事，你会觉得在同样的时间内做喜欢的事比想讨厌的事要划算得多。

（4）旅行

如果压力太大，打扰到正常生活，建议你给自己放一个假，来一次长途或短途的旅行。选那些风景优美的地方，因为自然是舒缓身心的最好去处。旅行不但可以让你看到秀丽的景色，还能够接触到不同的风土人情，经历那些陌生的事物，能让你重新燃起对生活的热情。

压力大的时候，要学会自我排解、自我减压，不要眼睁睁地看着烦恼压下来，而要撑起自己的"防护罩"，将它们挡回去。要相信，烦恼都是暂时的，压力总有解决的办法。

摆脱浮躁的桎梏，关注生命本源

社会学家曾经调查过人们普遍的烦躁情绪来自何方，其中，"欲望得不到满足"是最重要的一项。欲望是人生的原动力之一，每个人都有，这没有什么不对，但太过看重欲望的人难免遗忘生活本身的多面性，把满足欲望看作成功的唯一标准，将一切事都围绕这个标准来衡量，心态难免变得浮躁，表现为现代人脸上有越来越多的不耐烦与不满足。

浮躁，让人的幸福感不断降低。人的幸福感完全是一个心理状态，你觉得满足，你就是幸福的，即使粗茶淡饭，也能甘之如饴。一旦心灵产生空洞，看什么都不满意，即使锦衣玉食，也会觉得空虚。浮躁，让人变得越来越贪婪。浮躁还有一个表现就是贪婪，浮躁的人恨不得抓住什么成绩来证明自己，抓住一切可能炫耀自己，这种贪婪是心理上对成功的追求、生活中对物质的追求，还有人际上对赞美的追求。

现代社会，修炼自身的沉稳就是同时在提高自身的素质，抑制浮躁是其中重要的一环，不论是贪婪还是抑郁，浮躁带来的负面影响都限制了人们的发展。摆脱这种桎梏，关注生命更本源的东西，首先要做的是戒贪戒躁。

一个农民和一个商人一起赶路回家，在一座山里发现了一堆别人丢弃的羊毛和布匹。商人连忙捡起羊毛和布匹背在身上。农民背起羊毛，觉得太重不利于赶路，就放下了羊毛，捡起了一些布。

过了一个山头，他们看到有人丢掉了一些银质餐具。农民便扔掉布匹捡了一些银质餐具。商人因为身上的羊毛和布匹太重无法弯腰，但他还是捡了一些餐具放在羊毛上。

两个人继续赶路，突然一场大雨降临。商人因为负重太多不断摔倒，当他回到家里，不但羊毛全都被雨水弄脏，布匹花得不能贩卖，那些餐具也不知去向，他还因为淋雨得了一场重病。而农民快步回到家中，卖掉银质餐具，过上了富裕的生活。

每个人的生活都是一个从需求到满足的过程。需求和满足对等，就是一个幸福的人；需求和满足悬殊，或者这个人的能力有限、运气不好，以致需求常常得不到相应的满足，或者他的欲望太多，需求从来没有得到过满足。就像故事中的两个人，商人只注重满足，根本不考虑自己需要多少、能承受多少，而农民按需而求，才过上了富裕的生活。

沉稳的人懂得估算，更懂得放弃，他们清楚地知道一个选择能够带来的后果，更重要的是，他们知道每个人的选择数目有限，不要贪心地认为世界上所有的好运都会降临到自己头上，这种不切实际的想法只会让自己连到手的东西都抓不住，所以，在这个故事中，商人抓着越来越多的东西，而农民只要他认为最贵重的。看起来农民得到的少，实际上，他的日子比商人更幸福。那么，远离不切实际的欲望有没有什么秘诀？如何才能让自己更踏实？

（1）正确评估自己的能力

每个人都有很多需求，不论是实际需求还是幻想中的需求，都可能成为追求。但是，想要满足需求首先要具备一定的能力，不论是动手能力还是动脑能力，都要能保证你的追求成功率比失败率高，否则，你就是在追求一些根本不符合现状的奢侈品。这种东西一旦变多，你就连现在的生活都过不好。对自己有一个清醒的认识，先追求那些和自己的能力、现状相符的东西，然后才是更高的目标。

（2）以踏实的心态度过每一天

浮躁的人常常觉得自己悬浮在空中，眼睛里看到的都是云彩，摸到的也是空的，脚下踩的不知是什么东西，随时可能踏空。这样一天一天过去，除了欲望有增无减，生活还越来越无力乏味。而那些脚踏实地的人脚下踩着自己的一亩三分地，眼睛看着自己的目标，手里拿着自己的收获，即使有烦恼，也在实实在在的生活中得到了安慰，这就是浮躁与踏实的区别。

（3）志向要远大，行动要微小

整天做梦的人有很多雄心壮志，越是有雄心，就越是看不上生活中的那些小事，觉得以自己的大才华，做这些事未免委屈了自己。日子一长，肯在小事上用心的人都开始做大事，而天天想做大事的人只剩下雄心壮志，连小事都没做好。

好高骛远也是一种浮躁心态，有这种心态的人每天处于"怀才不遇"的烦躁状态，导致他们看着手边的小事越来越不顺眼，慢慢地，连这些小事都再也做不好了。而一个踏实的人知道小事是大事的基础，小成功能够带动大成功。

心灵上的满足需要有一份平和踏实的心态，否则即使得到了一些成绩，也觉得不值一提，仍旧为还没实现的"理想"烦恼。与其为那些远在天边的东西彻夜不眠，不如放下浮躁，在自己的方向上迈出一步，哪怕是一小步。

莫让回忆变负累

人们有一种恋旧心理，迷恋过去的成就，当他们通过自己的努力得到了什么，就很难从心理上放下它。对于他们来说，那是对自己能力的一种肯定，是自信的来源，是通向未来的资本，也是自己存在价值的证明。他们如此迷恋这些东西，给这些东西强加了许多额外的意义，于是，成绩不再是成绩，而成了一种迷信。他们固执地认为，有了这些，明日依旧可以一帆风顺，却没有发现因为这些东西太过沉重，已经减慢了他们迈向明天的脚步。

对于过去，很多人想要忘记遗憾、忘记伤痛，唯独不想忘记曾经的辉煌，因为那是最值得骄傲的部分。他们越是放不下，越会拿过去与现在做对比，想来想去还是过去好，并为今时不如往日烦恼不已。一路走来，他们对过去的收藏越来越多，大部分时间用来回味，小部分时间用来计划将来。他们在将来看不到光明，却总在过去寻找温暖。

对过去的回忆多了，就会成为负累，负累一旦过多，就会造成心灵的超载。超载的主要表现就是很难心平气和，总是觉得生活像一团麻一样乱，不明白过去为何那样顺利。其实，过去未必顺利，只是那时候的你清醒而有热情，看到困难不会大惊小怪，遇到烦恼也不会唉声叹气。现在的你遇到烦恼不是源自过去的理智与活力，而是过去的成绩与回忆，从而导致你对现实不能产生有益作用，让自己越来越心烦。

古时候，一个官差去外地办事，半路上，他丢了自己的马匹，只能徒步行走。

第三天，前方出现一条大河，官差暗自叫苦，他急中生智，在附近村民那里借了一柄斧头，砍伐了一些树木扎成木筏，成功地渡过大河。

前方是一座大山，官差害怕山那边仍然是河，就把木筏扛在肩膀上。山上的老农问他："你为什么要扛着木筏登山？不觉得累吗？"

官差说了自己的理由，老人大笑说："你是不是傻了？登山者要尽量减轻负重，渡河者才需要舟楫，你怎么能扛着这只木筏？"

"那你说，前边再有大河怎么办？"官差问。

"前边若有河，可以再想渡河的办法。你背着木筏登山，岂不更加耽误时间？"

对于想要渡河的人，一只木筏就是工具，但对于登山的人，轻装上阵才是最好的选择。不论是背着木筏去登山，还是不用工具就想横渡一条大河，都有些想当然。用一种方法战胜了困难，就以为用这种方法可以战胜一切困难，能够屡试不爽，这种对过去成绩的肯定已经成了迷信，注定要耽误更多的时间。因为只有将方法用对了才叫方法，否则就是愚蠢。

迷恋过去在半数以上的情况下都会造成人的愚蠢。一个失恋的人如果想用过去恋人的标准找一个一模一样的，一来世界上没有完全相同的人，无法找到只有失望；二来就算找到了也不过是过去恋人的替身，说明你一直活在过去，根本没有前进。过去的东西即使再好，也已经过了时效期，不是过时了，就是变质了，总之，都变成了你的负担、你烦恼的根源。只有将那些事放下，你才能静下心做事。那么，你必须放下的属于过去的东西是什么？

（1）过去的成绩

每个人都或多或少得到过一些成绩，有些还是足以让人自豪的。但是，过去的成绩不能保证将来你也能获得一样的成绩，如果认为自己已经足够优秀，便开始故步自封，头脑就不能容纳新的东西。为过去的成绩沾沾自喜的人，往往是因为现在过得不好。只有放下过去，把每一次尝试都当作新的开始，才能每一次都全力以赴。成就青睐那些孜孜以求的努力者，而不是那些整天炫耀过去的停步者。

（2）过去的经验

当我们寻找失败的原因时，会发现有时是因为太过缺少经验，以致不懂得如何应对突来的难题；有时却是因为太过依赖经验，根本没有分析出刚刚出现的新问题。世界上没有一条实际经验能让你通过所有考验，过去的经验也许是成功的，但不能当作定理使用。一定要牢记经验是"死"的，人是活的，活人不能被"死"的经验支配。

（3）过去的执念

对于过去的某些美好事物，人们通常会形成一种执念，认为过去的那些就是最好的，再也找不到那么好的东西。基于这一点，看现在的所有东西都是厌烦的，恨不得一切统统消失，一瞬间回到过去，这种执念严重时会影响到人的价值观和人生选择。对过去的执念，来自对今日的不满。因为现实不合自己的心意，就在脑子里回忆过去的种种美好。其实过去未必有那么好，只是当需要一个避难所逃避现实时，过去无疑是最好的选择。

生命的意义不是回忆过去，不论是过去的成就还是美好。生命的意义在于超越自我，只有那些过不好今天的人，才让自己一直留在过去。当过去已经成为一种负累，不能给你回忆以外的东西，还为你增加了很多烦恼，你就应该果断地放下这段过去。人要向前走、向高处走，而过去却是从上游流过身旁的河水，如果你总是转过身子看着它，就再也看不到前面的路。

怀感恩之情，无计较之心

在生活中，烦恼大多来自计较。想要保护自己的感情不受伤害，保护自己的利益不受侵害，难免会在得失之间多了许多心思，看看自己是否失去了什么，算算自己的付出到底有没有价值，这种心思一旦扩大，烦恼就会接踵而至。

在你挖空心思筹划自己的付出与得到的回报时，有没有算过别人对你的付出？就拿最简单的一日生活来说，你得到了陌生人礼貌的让路，也许他根本没必要这么做；你得到了上司在工作上的指点，而他完全可以让你自己去摸索。

对别人的付出要心存感恩，因为对方完全可以不去那么做，也不一定对所有人都那么做。别人之所以关心你、爱护你，或者是因为他们为人的温和与体贴，或者是因为他们喜欢你、情愿照顾你。对前者感恩，是对一种人格的敬重；对后者感恩，是对一种感情的回报。如果一味地自私，一味地要求别人为你付出，除了计较还是计较，别人也会觉得厌倦和不值得，想要远离你，不想再和完全没有感恩意识的你有什么牵连。

电视台正在采访一个残障女孩，这个女孩出生时有一条腿畸形，经过多次治疗都没有改变，一只脚近乎残废。但是，女孩从小品学兼优，以优异的成绩考上重点高中。她还成立了一个专门帮助残障儿童的义工社团，为那些孤儿院的残障儿童提供帮助。

记者问女孩："有没有抱怨过命运的不公？为什么会有如此良好的心态？"女孩说她不觉得自己缺少什么，也不觉得自己受到了不公对待。她说："我很感谢我的父母，从我小时候开始，他们就无微不至地照顾我；我很感谢我的老师，他们格外留意我，时常鼓励我；我也感谢我的朋友，他们从不轻视我，在日常生活中给我很多帮助……拥有了这些东西，我觉得自己很幸福。"

感恩的人理解那些常常抱怨自己的人，因为他们不快乐，心里有委屈，他们会想想自己有什么地方做得不周到，也会对他人的不幸产生同情心。这样一份温情心态使他们的生活处处透着温暖，也使他们的气场极有亲和力，让身边的人更愿意接近他们。因为在众人都烦恼的时候，唯有他们像一方净土，看到他们，就明白了什么是生命、什么是生活。

计较不会让你得到什么，只会让你失去得更多。就像故事中的女孩，如果她怨天尤人，那么生命对她来说就是一场折磨，先天折磨加后天折磨，让她看不到生命的意义；不过，若她对身边的事一直存有一份感恩的心态，就不会整天想着让自己烦恼的事，先天条件虽然不好，但总是觉得自己得到了很多东西，生命对她来说就是一种幸福。在生活中，有哪些事我们不该过多计较，以此保持心理上的宁静平和？

（1）计较得失

有些人把成败看作人生的唯一意义，他们只在取得胜利的时候高兴，而不断的失败会让他们心灰意冷。他们会不断比较从前和现在的自己，为一点小小的退步自责不已、寝食难安。自我要求高是好事，但太过苛刻自己，就无法感受到快乐。对过去的人生要存一份感恩态度，成长的道路难免风风雨雨，一路上却也得到过不少人的帮助与提携。如果你愿意记得好的，过程就比结果更美；如果你时刻不忘坏的，那么连重新开始的勇气都提不起来。

（2）计较喜怒

有些人喜欢"讲心情"，心情对了，什么事都是光明的、积极的；心情不对，任何事都是灰暗的、消沉的。会有这种状况是因为他们过分计较个人喜怒，把一个微小的情绪无限扩大。在旁人眼里，他们情绪化，有时还很极端。他们可以为一点儿争执而吵得天翻地覆，也可以为一句恶语哭天抢地。当然，更多的时候，他们只是"好心情全没了"。事实上，这种经不起任何波折、只重情绪不管场合的人，根本不会有什么好心情。

（3）计较利益

生活中，最常让人担心的是金钱，最常让人烦恼的还是金钱，金钱事关生存，有时候不得不计较利益，但是，整天计较小利的人会把生活弄得琐碎。在他们看来，生活就是大大小小的金钱兑换品和利益关系网。他们甚至忘了已经得到的利益，更不会因它们而满足，只会哀叹失去的那一部分，即使那些利益微不足道。

计较太多使人易老，而感恩却是一种重视当下的状态。所以沉稳的人懂得感恩，他们愿意对自己的努力、他人的帮助以及自己的对手心存感激，因为那都是成长的助力。他们也对身边的人宽容和善，营造一个不计较、不怨怒的人际环境。感恩来自理解，感恩来自心中对美好的生活及告别烦恼的向往，感恩就是幸福的开始。

反思忧愁烦恼，拥抱快乐就好

对待难题，懂得思考、寻找改正方法就是一种沉稳，而追根溯源是解决事情的必要步骤。当我们重新思索烦恼的问题，不妨问一问究竟是什么让自己如此烦恼，有没有可能找到烦恼的根源，有没有可能避免这种烦恼。当人们冷静思考过后，发现烦恼大多来自生活中的小事，很少有人能完全淡然，遇到不愉快，烦恼情绪会自然而然地涌出来。克制也许是可能的，但那浮光一现的烦恼感依然挥之不去。

懂得了烦恼的根源，我们不妨另辟道路，解决不了根源问题，我们就要找另一个与烦恼对抗的根源，这就是快乐的根源。沉稳的人不会整天唉声叹气，他们知道如何调节自己、寻找快乐。人心的大小有限，装的快乐多，烦恼自然就不能再起主导作用。同样的心灵，为什么一定要装入烦恼？不如多想想那些让自己快乐的事。

快乐是内心的一种明朗而乐观的状态，它的主要表现当然是笑声。如果幽默能在生活中时时处处发挥作用，那么我们的烦恼就会减少一大半。幽默会缓解我们焦躁郁闷的心情，让我们觉得生活有很多快乐，即使是烦恼本身，虽无可奈何，也有其荒谬可笑、值得乐观的一面。肯这样想的人，看到烦恼自然而然就会生出调侃心态，让烦恼不再成为烦恼，至少不再让自己不胜其扰。

社区开了一家心理咨询中心，附近几个小区的居民起初不明白这个诊所为什么存在：大家的精神状况都很正常，谁需要去看心理咨询师？渐渐地，进诊所的人多了起来，多数人感觉自己处于失眠焦虑状态，想找专业的心理咨询师开点药。还有人心中总是充满烦恼，想跟心理咨询师倾诉，听听他的意见。心理咨询师对病人们说："世界上有一种病叫'烦恼症'，烦恼主要是心境方面的原因，没有药能解决，只能调整自己的心理状态。"

针对社区多数居民的烦恼状况，心理咨询师提出了一种"快乐疗法"。这个疗法分两步，首先要搞清楚自己为什么烦恼，是工作压力还是家庭压力，正视它并想办法解决它。其次，多多接触快乐的事。例如看幽默的节目、常常参加集体活动、拓展自己的业余爱好，这些事都能起到很好的调节作用，让人心情开朗。经过心理咨询师的努力，越来越多的居民开始正视自己的烦恼，主动寻开心、找乐子，社区里的欢笑声越来越多。

现代社会，人们生活得越来越烦，多数人为生活忙碌，忙得顾不上生活。生活需要笑声，生活在愉快氛围中的人才会拥有开朗积极的心态。倘若一个人早上睁开眼就是柴米油盐，晚上闭上眼还在想工作进度，那他的生活本就已经忙碌紧绷到了极点，如果没有欢乐的笑声作为舒缓，他以什么抚慰自己疲惫的身心？

笑是最重要的一种表情，可是，如果你愿意走上大街看看，就会发现很多人都是麻木的、疲惫的、厌倦的，甚至你自己也是如此。究竟是什么原因使你无法笑起来？让你不想笑的烦恼有哪些？多想一想，有助于问题的解决。

（1）给烦恼列一个清单，详细分类

把自己的烦恼详细地写在纸上，能想到什么就写什么，然后按照烦恼程度分为"大""小"两类。先看小烦恼部分，对于这一类烦恼，你应该尽量告诉自己顺其自然，不要纠结于琐碎的事情，因为还有许多大烦恼在等着你。再看大烦恼，多数是与事业、感情、未来人生有关，只抽出最紧急的部分集中解决，对剩下的部分，用每一天的努力提高自己，如此一来，自然而然也就会解决。

（2）清除负面能量

过多的烦恼累积在心灵中，造成心灵负担过重，诸如抑郁、消沉、自卑、迷茫等情绪，不断累积，相互作用，遇到烦恼时变得更加严重，长此以往，这些情绪就变成了负面能量，有了强大的影响力，具体表现之一就是让你常常觉得做什么事都没意思、没意义；具体表现之二是你的脸看上去很疲惫，即使笑起来也觉得自己是在假笑。多接触那些积极向上的人，令你开怀大笑的事，多与人交流，也要注意休闲娱乐，如此，阴霾会逐步远离你，崭新的生活状态会让你焕发生机。

（3）理性生活，告诉自己平心静气

当现代生活让人疲倦、厌烦，我们需要更多的冷静、更多的理智，才能分析烦恼、解除痛苦、把握快乐。理性的最主要表现是：烦恼出现的时候，我们知道那是必然，要泰然处之；困难出现的时候，我们首先要想办法解决，而不是抱怨；不良情绪出现的时候，我们想到的是立刻去调节，而不是听之任之。人生的意义不是被烦恼折磨，而是在烦恼中超脱，追求真正的自我，建立真正的成就。

沉稳的人不会认为生活给自己的东西太少，在思维上，他们有应对烦恼的智慧；在心理上，他们有接受烦恼的格局；在行动上，他们有战胜烦恼的能力。他们珍惜生活,所以愿意平心静气地对待烦恼、思考未来。当别人在为烦恼焦头烂额时,他们已经淡定地处理了烦恼,继续平稳地走在自己规划的人生道路上,不骄不躁,胸有成竹。

04

怒到发指能笑得出

生气是用他人的错误惩罚自己

人是情绪动物，面对生活中的喜怒哀乐，很少有人能完全克制住自己的情绪。面对快乐的事，所有人都可以不设防地大笑；面对悲伤的事，少数人放声大哭，多数人会回到自己熟悉的空间难过。而"怒"这种情绪无疑是最不好把握的。很多时候，我们反复告诫自己不要发怒，可等遇到让我们发怒的事时，所有的理智却瞬间消失，神态大变、情绪偏激，甚至做出怒骂、打人等我们自己都不相信的事，可见怒气一旦爆发，就容易失控。

仔细思考我们发怒的原因，会发现除了一些关系未来前程的大事、关系个人感情的私事之外，多数还是芝麻绿豆大的日常小事。这些怒气还有一个特点，就是往往跟他人有关：他人做错了一件事让自己气愤；他人说错了一句话让自己不自在；他人的一个眼神让自己越想越不对劲；他人如果故意找碴儿，那简直就是挑战尊严和底线，需要立刻迎战，刻不容缓。这就造成了我们越来越爱为那些不值得生气的人生气。

沉稳的人不是没有脾气，而是增加了情绪中的理性成分，将愤怒转变为其他情绪和行为，例如理解、克制，甚至微笑。对那些机关算尽的人，他们笑起来不无嘲弄；对那些鲁莽耿直的人，他们的理解带着宽容；对那些不明真相的人，他们的克制是一种智慧。总之，沉稳的人能够看透事情的本来面目，他们不会为别人的错误而自己发怒，来去由他，喜怒随他，任凭风吹浪打，胜似闲庭信步。

一个欧洲小国的国王正与大臣开会，国王表彰了财政大臣的政策实用有效，令国家的收入明显增多。那位大臣谦虚地说："哪里，这都是因为国王英明，我才能想到这条计策。"国王听后更高兴了，给了大臣不少赏赐。

另外一个大臣看着眼红，不禁嘀咕了一句："有什么了不起，就会拍马屁。"没想到这句话说的声音大了点，连坐在最上边的国王都听得一清二楚，国王大怒："你说什么？"

"我……我……"大臣支支吾吾，连忙跪在地上。这时财政大臣说："陛下，我就站在他旁边，没听到他说什么啊。"国王瞪着眼睛说："既然财政大臣大人有大量，我今天就饶了你，今后不要再胡说八道了！"

会后，其他人围住财政大臣问："我们刚才都听得清清楚楚，你难道不生气吗？为什么还要帮他求情？"

"我为什么要生气呢？说错话的人又不是我。"财政大臣说，"真正有损失的人更不是我。我为什么要拿别人说错的话让自己生气？"

没有理由地被指责是种不愉快的经历，完全可以愤怒。但是，故事中的财政大臣却选择了息事宁人。在财政大臣看来，真的吵起来又能怎么样？不过是那位侮辱自己的人被责罚，这能让自己多一些什么吗？不能。就算能，也是多一个仇敌而已。何况，生气气到的不是别人，而是自己。为了别人的一句非议大动肝火，影响的何止是一时的心情？这么做显然不值得。

值得还是不值得，这是每个人在生气的时候应该首先考虑的问题。多数情况下，你能考虑到这一层面，就不会再生气。有多少事真的涉及生死性命？多数不过是一时的脾气，甚至是别人不经意做的一件事、一句话，如果真拿来为难自己，影响自己的生活，反而得不偿失。愚人喜欢争闲气，智者从不自己找气生。那么，什么样的气是"闲气"？

（1）为别人的错误生气

人们对自己都有宽容爱护的一面，让我们大发雷霆的一般不是自己的错误，而是他人的错误。他人的行动干扰了自己，他人的言论影响了自己，甚至他人的存在让自己不顺心，都可能成为愤怒的理由。而且我们会这样告诉自己："他做错了事，为什么要让我来承担不快？"于是，发脾气就成了一种"理所当然"的行为。

这个时候，多想想他人的感受或者他人的处境，也许让你生气的只是别人的无心之失。既然你知道别人做错事，批评指正才是更好的选择，而非大动肝火，好像别人故意惹你生气，显示的却是你太没气度。

（2）为别人的语言生气

我们的生活脱离不了语言环境，每天直接、间接听到的语言最能影响到我们的心情。每个人都有自己的立场和想法，说出来的话不可能全都合你心意。大部分的时候，你会发现别人说的和自己想的相去甚远，而别人说的话在你看来如此不可理喻，让你怒火中烧。

但是，那只是一句话而已，甚至可能是别人随口说的一句笑话，根本没有成为事实，也根本没有妨碍到你。为这样一句话生气，是别人太不注意你的心情，还是你的心情太不注意公共场合的平等性？而且，总是为别人说的话生气的人，无法深入地和人交流，这是很大的损失，应该尽量避免。

（3）为别人的冒犯生气

每个人都有自己的尊严，有时候，人们觉得自己被冒犯了，认为自己不被他人放在眼里，甚至认为他人在明嘲暗讽自己。其实仔细想想，你的人缘真的有那么差吗？谁没事就去冒犯、讽刺别人？多半是你太过敏感多疑，把别人无心做的事当成了有意。就算别人真的轻视了你，生气又有什么用？只有成绩才能堵住别人的嘴，让自己扬眉吐气。

沉稳的人不会不把自己当一回事，也不会太把自己当一回事。他们认为人与人相处的时候，因为个性差异难免有摩擦，别人犯错是别人的损失，做好自己的那部分才是最重要的，生气是拿别人的错误惩罚自己，既然自己做得很好，又何必自打自罚？

处世以硬为质，以柔取胜

在社会上，人可以分为两种：一种是刚直的人，他们比较"硬"，原则性强，作出决定很少更改，做起事来一往无前，与人交往的时候也喜欢占据主导地位，命令支配别人；还有一种是温和的人，他们行事很"软"，有些人是因为聪明，懂得进退，有些人是因为个性不擅与人争执。扪心自问，多数的人愿意与"软"的人交往。在生活上，他们没有那么多棱角，容易相处；在事业上，他们更适应局势，容易成功。

有些人处世信奉强硬态度，认为只要自己足够硬气，就没有人敢招惹。但是，真正有头脑的人从来不会硬碰硬，他们会以迂回的方式获得成功。强硬有时甚至是一种鲁莽，因为一旦碰到更强硬的人，就会在一瞬间面临失败，无法挽救。

如果说人的性格可以像山一样坚硬，不可转移，那么沉稳的人虽然有山一样的秉性，处世却如山间流动的泉水那样灵活，他们看到困难不会冲上去，而是绕过去，同样可以到达目的地，甚至在这绕的过程中将困难包围、消化。以硬为质，以柔取胜，这就是生存的智慧、为人的智慧。

一家公司正在召开新品设计会议，小胡和一位同事在一个产品细节上争执不下，同事提出产品的发动机应该使用A品牌，小胡却认为B品牌更加实惠可靠，而且自己从前与B厂商有过合作关系，也许能拿到更优惠的价格。同事不屑一顾地说："凭两年前的合作关系就能让他们降价吗？你还真天真。"小胡一怒之下说："好！我就让你看看能不能拿到优惠价！"

小胡开始为这件事奔波，他首先联系了B厂商自己熟悉的销售员打探价位，一打听才知道，这两年原材料涨价，价格已经大大升高。小胡想要换个厂家，却发现自己想要的价格已经没有厂家能出产。想到这件事事后自己会被同事嘲笑，小胡很后悔当时没能圆通一点，不把话说得那么满，而非要和同事硬碰硬。

在这个故事中，小胡因为见解不同而与他人发生争执，因别人的一句话而怒火中烧，最后把不是自己的任务揽到身上，把本该不属于自己的失败归于自己名下。为什么要在会议上和人硬碰硬？为什么不圆通一点，既给同事留面子，又给自己减少麻烦？

人生的道路不是平顺的，太过有棱角的人不是被挡住，就是粉身碎骨，只有那些懂得把自己磨圆的人才能顺利通过。表面上看，这些人改变了自己的形状，实际上，他们并没有更改自己的本质，他们所做的一切只是为了走得更快、更顺利。

（1）不要硬碰硬，更不能以卵击石

每个人都希望自己是个有实力的人，在任何场合都能有底气，但是，有底气不代表硬碰硬。你和别人对着干，就是在向别人表达你的优越感，表达你在这件事上自认比他人做得好，这种态度自然会激起别人的不服气，进而和你针锋相对。

当你真的很"硬"的时候，也许能占上风，但是强中自有强中手，你认为自己够硬，别人可能比你还硬。你和别人硬碰就是给自己找别扭，甚至会成为别人的笑柄。既然有实力和人硬干有欺负人的嫌疑，没实力和人硬干是在给自己丢脸，不如柔软一点、温和一些，在对人对事时采取和平主义态度，这是最好的自我保护方法。

（2）不违背原则的前提下，给对方更多机会

人与人之间有摩擦的根本原因在于每个人对事情的想法不同。如果双方都能本着求同存异的态度，摩擦也可以转化为和平商谈。但是，在绝大多数情况下，每个人对事情的想法不同倒也罢了，最糟糕的是每个人都想改变别人的想法，让别人顺着自己的意思做事。

摸清了别人的心理，就不难分析出解决问题的方法。有时候不妨

顺着别人的意思，只要那意思不危及自己的利益，顺着别人又能如何？减少了争执，也增进了了解，最重要的是，你只是对别人的意思表示尊重，并没有放弃自己的想法。

（3）不要动不动生气

很多人觉得发怒像是因为有一条底线，一旦触动，就再也按捺不住脾气。显然，这底线有高有低，太高的底线人人都会碰到，被触动的人就容易天天发脾气，形成暴躁的性格。而底线低一点的人，性格温和，不容易生气，大家都愿意和他相处，他自己也觉得日子很舒坦。

放低底线，不是放低原则，原则不能改变，底线却可以根据情况做出调整。对于那些无关紧要的事，可以不放在愤怒范围；对于那些不明所以的人，可以不放在生气范围。放低底线，就是调整自己的心理接受度。能够接受的事物多，脾气自然就会好很多，棱角也消失不少，做起事来更加顺利。最重要的是，与人心平气和、友好相处，好过整日和人磕磕碰碰、口角不断。

怒火中烧，烧伤的是谁

在多数情况下，不论生气还是发怒，起因常常是因为别人，但是，真正让人产生怒火的往往是观念上的偏差。抛去那些突发的、让我们措手不及的事，生活中，更多怒气都有一个累积爆发的过程，并不是无迹可寻，也不是无法控制。

让我们仔细回味一下怒气产生和爆发的过程：怒气的产生大多因为一件不起眼的小事，这件小事让人看着不顺眼。对于不顺眼的事，如果你睁一只眼，闭一只眼，它就会过去；一旦你继续看它、思考它，就会越想越不对味，变成不顺心。对于不顺心的事，如果将它放在一边，等待它冷却，自然也不会占用时间；一旦你开始张开嘴说它，就变成了抱怨。你抱怨几句停下来，它也对你没什么危害；但如果你一直不停地抱怨，再有旁人参与"讨论"，你就会越来越激动、越来越气愤，忍不住发起脾气，酿成一起"情绪事故"。

沉稳的人也会生气，但他们不会把生气变为怒火中烧，把理智烧个一干二净，他们会以逆向思维解决自己的愤怒。看到一件让他们发怒的事，别人都在议论，他们会命令自己闭嘴，从而避免了抱怨，他们又会在心理上将它搁置，避免了不顺心，然后来个睁一只眼，闭一只眼，当它不存在，于是连"不顺眼"也跟着解决了。"情绪事故"没有发生，便可以用省下的时间与精力去做那些有用的、让自己心情好的事。

每个人都有自己的个性，有自己看不顺眼的事，可以不被环境同化，但也不要在自己没有实力的时候向环境发出"挑战"。当别人都不说什么的时候，你为什么不想想是不是自己太容易愤怒？每个人的忍耐力都有限，多数人都在忍耐，说明事情还在可控、可接受的范围内。不要因为你自己要求太高而怒火中烧，出现这种情况是你的问题，不是环境的问题。下面介绍几条克制怒气的实用方法。

（1）自我规劝法

凡事要三思而后行，想要发怒的时候，首先要自我规劝：这件事值得发怒吗？发怒的后果是什么？努力让自己忍住气。怒气有个特点，就是来得快，去得也快，当时不爆发，过上一分钟，它自然就消了，至少它的杀伤力降了一大半，这时候你即使说几句话，也不会造成大范围冲突。对待怒气，自我规劝法是最常用的方法，它能使你在怒气正酝酿的时候内部消解，自行恢复良好的心理状态。

（2）情绪转移法

情绪转移法是最实用的消气方法，当你觉得自己怒火中烧时，干脆想想其他的事，转移自己的怒火。比如，和人发生口角时，你可以首先说："这件事我们都冷静一下，中午一起吃饭，你有什么提议吗？"这个时候别人也不好再紧追不放，多数时候，两人之间的怒火只需要有一个人转移个话题，就可以自然而然地结束。

（3）"临阵脱逃"法

当你发现对方怒火中烧时，即使你占理，也不要跟对方硬碰硬，掉头就走是最好的办法。如果你不想生事，就不要去招惹一个暂时失去理智的人。兵法说避敌锋芒，就是在"敌人"气势最强的时候找地方避一避，这不是胆小，而是策略。举个例子，当你的上司正在发火，你有什么意见最好搁置，等他高兴的时候再谈，如果趁着对方生气提起来，难保不被当作撒气桶。

（4）"化悲愤为力量"法

愤怒是人之常情，但怒火中烧，烧的是自己，对自己没有什么实际的好处。愤怒的时候，最实际的做法是"化悲愤为力量"，把自己受到的"不公正待遇"当作前进的原动力，让自己更加努力，这也是最积极的做法。

总是对世界抱有愤怒心态的人，如果能静下心来好好反思一下自己，会发现令自己愤怒的并不是某种情况、某个人，而是自己身上的某些禀性，或者恼怒自己没有能力。提高自己的克制力和做事的能力，都会让自己更有自信。自信的人不会凡事愤怒，他们喜欢凡事尽在掌握。

合理规避正面冲突

在人与人的对立中，杀伤力最大的莫过于正面冲突。正面冲突有两种：语言冲突和武力冲突。语言冲突表现为两个人对叫对骂，武力冲突则由对叫对骂升级为对打。正面冲突一旦发生，就会对双方形象造成很深的不良影响，也会让两人的关系变得无法弥合。更糟的是，正面冲突会激发早已存在的矛盾，并将它扩大至最大范围。

避免正面冲突，克制与忍耐是唯一的办法。要讲理，要等到对方发泄之后；要公正，也要等到对方熄火之后。要知道对方只是冲动，你不回应就不会变成冲突，你一回应才会变成大事。不要认为避免冲突就是懦弱怕事，比起一时冲动造成的严重后果，你会感激自己的"怕事"。这种无意义的"事"，谁都会怕，特别是有头脑的聪明人，一定会绕着走，碰也不碰。

在美国，当总统不是一件容易的事，他们一方面要处理国家大事，另一方面要不断应对来自议会的弹劾，有时候甚至要面对议员的怒骂。而总统大多不与议员发生正面冲突，总是极力忍耐，等到对方发作完才做出解释。有这种平和的态度，往往更能得到民众的好感。

美国第25任总统威廉·麦金莱就是这方面的楷模，即使被人当面辱骂，他也会耐心地等对方说完，再以温和的口吻对对方说："如果你能够平心静气，我愿意详细给你解释这件事……"这种个性给民众留下了深刻的印象。如果每个人都能懂得如何回避正面冲突，就能够极大地减少人与人之间的矛盾。

人们想要避免正面冲突，是因为正面冲突有时候会由"事情"变成"事故"，而且，正面冲突很难控制。两个人面对面，你一言我一语，情绪越来越激动，而且在旁人面前，谁都怕首先示弱，被人当成胆小鬼，就算心里知道该马上结束冲突，也会因为面子而硬着头皮继续硬干。

有时候，冲突是被环境逼的。想要避免冲突，先要解决发生冲突的土壤，即自己的心境。

受不了别人的重话、受不了旁人似是而非的怂恿、受不了当众下不来台，都可能让自己情绪失控，而与他人发生激烈争执，想要避免正面冲突，首先要知道在什么情况下，人与人容易发生正面冲突。

（1）原则冲突

原则冲突是不可调和的冲突，这已经不是个人见解不和的问题，而是一种人生观上的违背，互相理解的可能性极低。但是，原则说穿了是个人的一种选择，个人走个人的路，谁也挡不住谁，最多是看不惯对方。在多数情况下，没必要因为原则问题发生正面冲突，因为不管冲突多少次，你依然是你，别人依然是别人，你们依旧没有调和的可能，只会伤筋动骨，让双方都劳累。

（2）利益冲突

比起原则冲突，利益冲突有更多的可协调性，因为利益不存在绝对值，它可大可小，而且有长线效应，也就是说一时利益小了，把目光放长远，累积起来的小利益会变成大利益。这时候，谁也没必要因为一时的利益争执不休。如果实在谈不拢，干脆放弃合作，或各凭实力。最好的方法当然还是寻求共同利益的部分，彼此在能够允许的范围内退让几步。

（3）性格冲突

人的性格都是多面的，某个人的某一面性格让你觉得无法忍受，等你深入了解后，却发现他的另一面性格让你爱不忍释，这个时候，你是因为不喜欢的部分放弃这个人，还是因为喜欢这个人而包容你无法忍受的部分？大部分人都会选择后者。而且一旦有了感情，你对曾经不喜欢的那部分也会有新的认识，甚至看到讨喜的一面，觉得过去的自己太过主观，形成了偏见。

（4）意外事故

意外事故不可把握，来得突然，冲突双方即使有涵养也沉稳，在突发的情况面前也难免失态。失态不要紧，关键是不要一直失态，要迅速回到平日的水准，开始与对方协商解决问题，必要的时候可以为自己的失态向对方道歉。面对突发事故，人们最初都会气急败坏，但冷静下来之后就会变得通情达理。只要你不纠缠，别人就不会非要和你争个青红皂白。

避免与人发生正面冲突，最需要的是一种忍耐的意识和一种忍让的态度。你的忍让可以让对方看到你的诚意，反思自己，从而增进彼此了解、和睦相处的机会；你的忍耐可以让自己以理智看待事情，不会因一时激动发生偏差，影响全局。

克制比发泄更有效

人活于世，谁也不能说自己从来没有生过气，完全没有脾气。情绪本来就是生活的一部分，每一件事情经过我们眼中，被我们用心思索，都会产生一定的情绪。我们需要做的不是克制情绪，而是要克制不良情绪，不要让那些负面情绪影响我们的心理，干涉我们的生活，让我们变得暴躁悲观、冲动易怒。由此可见，生气也有学问。

情绪化的人一生气就要发泄，或者对自己，或者对别人，发一顿脾气后，他们心情大好。如果这怒火指向自己，可以将其内部消化，一旦指向别人，就可能给别人带来困扰或伤害。其实，生气的解决方法不能只靠发泄，克制才是对抗怒气的最好手段。愤怒只会持续一小会儿，持续不了太长时间，你在当时克制住了，过后自然不会再去没事找事地发火。

沉稳的人会下大力气提高自己的克制能力，他们明白人生就像大海里的航船，思想就是船上的舵，而情绪就是掌舵的双手，能不能将船驶向自己想要的方向，全靠双手的掌控。如果任由情绪蔓延，偏差就会出现。偏差小了，只是多走一些路；偏差大了，也许会走向自己根本不想去的地方，也许会面临灭顶之灾。所以，聪明人最怕情绪失控，做出自己意想不到的事，他们会让自己冷静、再冷静，克制、再克制，拥有一份理性的心态。

十年前，一位很有艺术细胞的青年想成为作家。他写了一封信给上海的一位知名作家，希望得到他的指教。一个月以后，作家的回信才被送到青年手中。青年一看回信火冒三丈：作家没有给青年提任何关于写作的建议，而是将青年信中的语法错误、句子错误用红笔画出，还列出了几个错别字。

骄傲的青年想回信讽刺作家一番，他在花园里绕来绕去，想着这封信的措辞。在被风吹了半个小时之后，他的头脑清醒了一些，想到作家在百忙之中还给自己修改文法、指正错误，虽然他提出的问题可能不合自己的心意，但初衷不也是为了帮助自己吗？

于是，青年给作家回了一封感谢信，感谢他对自己的指正。作家见青年虚心肯学，不由得对他多了几分好感，此后经常对青年指点一二，让青年受益匪浅。

青年人想要得到作家的指点，得到的却是不留情面的批评，起初青年人想要发火，冷静下来之后却写了一封感谢信，这就是一个心理成熟的过程。面对批评和非议，你可以选择大发雷霆，也可以选择虚心接受。哪一个能带来更多的好处？平心静气想一想就不难知道。不论起因还是结果，克制远远好过无意义的发泄。

沉稳的人擅长克制自己，因为想要做一件事情，不论遇到什么都不要忘记自己的初衷。为了达到目的，忍受途中的怨气与怒气。当火气升高的时候，理智会给自己一杯冰水，提醒自己不要焦急，也不要愤怒，冷静地思考才能找到最好的出路。那么，如何在怒到极点的时候也能给自己的怒气"降温"，这是一个心理上的渐进的认识过程。

（1）温和地回应比愤怒地回敬更有效

彬彬有礼的人不容易与人冲突，即使他们受到冒犯，也会审时度势，客观地分析问题。他们把礼貌与温和当作自己的习惯，对待反对者也是如此。而且，没有比温和地回应更好的办法。温和，有助于保持个人的风度和礼节，在任何时候都不会让人抓到把柄；温和，有助于事情的解决，即使事情迫在眉睫；温和，也让人与人的关系从剑拔弩张到缓和。俗话说，伸手不打笑脸人，你有礼貌，多数人自然不好意思撒泼。

（2）保持理智，才能保证自己的正确

事实表明，一个人对事物的认识越全面、越深刻，他的怒气值就越低，自制能力也就越强。足够的理智能够带来过人的自制。控制自己的言行，能确保你在任何情况下不去伤人伤己、有损体面。理智的态度能够保证结局的正确，也让你说的话与做的事更有说服力。

人是情绪动物，培养理智是一个过程，需要长期思考；保持理智也是一个过程，需要长期实践。吃一堑长一智，仔细想想你上一次发脾气是在什么时候，造成了什么样的不良后果。多多检讨，自然会在下一次同样情况出现时多一丝冷静，不再头脑发热。

（3）培养毅力，加强克制能力

一位苏联教育家说，没有克制就不可能有任何意志。在诱惑面前，只有毅力能够保证自制能力持续发挥作用。毅力代表的既是一种坚持，也是一种果敢的进取态度，没有毅力不足以成事，有毅力的人才能对诱惑克制、对情绪克制、对生活克制，保证自己朝着目标稳步行进。

（4）自我调整心态，保持情绪平衡

每个人对周围的事物都有自己的一套观念，看到某种情况，下意识地做出评价，而且在冲动状态下，这种评价几乎无法更改。为了避免这种偏颇和冲动，在平日就要保持心态的平静、情绪的稳定。要知道影响我们情绪的外界因素很多，如果想在形势复杂的时候保持理性，就要有一颗以不变应万变的平常心，平时不因小事大惊小怪，大事发生的时候才不会乱成一团。

发怒的直接后果不是麻烦，而是后悔，后悔自己因为冲动而伤害了别人，后悔贪图一时快意而造成不良影响，更后悔一次发怒而让自己失去了某种机会。对沉稳的人来说，最佳结果莫过于以理服人，再退一步，至少保证自己没有损失。面对冲突，不妨一笑了之，与人宽容，与己方便。

愤怒时，此时无声胜有声

人与人难免产生矛盾和争执，这个时候，直性子的人冲上去吵架，小心眼的人虚与委蛇，秋后必然算账，唯有沉稳的人既不和人结怨，也不在日后翻账本，他们会迅速平息他人的怒火。

在日常谈话中，有一种话没有声音，却有"此时无声胜有声"的效果，能够迅速平息风波、转移矛盾、避免争执，这种话有时表现为一声不吭，有时表现为迅速转移话题。说这种话的人目的明显，听这些话的人心领神会，双方无须过多解释，就能体谅彼此、心无芥蒂。这就是人们常说的"装聋作哑"。

人们为什么需要"装聋作哑"？因为有些话，别人说出来时纯属无心，或者是毫无根据的闲话，或者是冲动之下的气话，你要是一一追究起来，事情就会被严重化，如果你愿意两耳一闭，装作没听到，不放在心上，别人也许说过就忘了，也许回过味来对你心存内疚。不论哪种情况，都好过你直接上去和他争辩。"装聋"的好处就是你不必为他人说出的无意义的话动气，保持精力做自己该做的事。

"作哑"也需要技巧，特别是当你面对别人的怒火时，一言不吭显得你不服气，乱说话又会让对方更加火冒三丈。这时候如果能面带微笑连连点头，表示你理解对方的心情，表达自己的歉意，也许能够迅速平息对方的怒火。"作哑"还有一个功能是让自己远离是非，当大家都在说闲话的时候，你不表明自己的态度，就不会落下口实。

一家国际化的化妆品公司正在训练新员工，在这一届的新人中，小欣是最抢眼的那个，她为人机灵、做事妥当，来公司不久就成了上级们着意培养的对象。

这一天培训结束，小欣代表新员工发表培训感言，她说话干脆得体，不失幽默，赢得了阵阵掌声。在快要结束的时候，小欣要播放一组关于培训的幻灯片，她正在摆弄机器，听到下面有人说："小欣这口才，比马姐还牛！"小欣听了心里很吃惊，马姐是公司的总管，也是她的顶头上司，这句话说出来，万一马姐记在心里，今后大家怎么共事？

不过，小欣为人聪明，马上想到了解决办法。她利落地站起身，笑容款款地对在座的人说："幻灯片已经准备好了，请大家不要再喧哗，让我们进入正题，看着这些照片，回顾一下我们的培训生活吧。"一句话让马姐不悦的脸色缓和不少。接下来一切顺利，小欣和马姐并没有因为旁人不适时的夸奖产生芥蒂，反倒成了关系不错的工作伙伴。

人际交往中，难免会遭遇尴尬的场景，就像故事里的小欣，被夸奖的感觉不是喜悦，而是战战兢兢。小欣显然是个沉稳的姑娘，她很快想到了解决办法：装聋作哑。在尴尬的时候，装聋作哑是百试百灵的方法，能以最快的速度平息别人的怒火，既不会扫别人的面子，又不会让自己摊上麻烦。

装聋作哑介于说与不说之间，用得好就能缓和尴尬的气氛。不论是尴尬的时候，还是争论得不可开交的时候，它都能起到缓解作用。在别人情绪不好时，你不要说话，或者故意说点别的，会有助于事情的解决。至少在以下场合，你一定要装作什么都没听见、什么都没看见。

（1）对方怒火中烧、失去理智

不要和发怒的人讲道理。发怒的人处于一种情绪亢奋状态，具有极强的攻击性，即使你说的话都是对的，他也一句都听不进去，只会让你更难堪。对于已经失去理智的人，你和他计较，就是自讨苦吃。

怒火中烧的人需要旁人体谅，你假装没听见、没看见，等到他怒气消了再去和他谈同一件事，他就会变得通情达理，甚至比平日更加愿意配合你，因为他正在为随便发火这件事愧疚，正想做点什么补偿无故受牵连的你。

（2）对方蛮不讲理、挖苦讽刺

有些人因为天生的性格或者成长环境的娇惯，习惯以自我为中心，常常蛮不讲理，一切都要顺着他们的意思，因为心理上有优越感，他们常常对人颐指气使，稍有不顺就讽刺挖苦别人，让人觉得没面子，又不想和他们撕破脸。

对待这种人，装聋作哑不失为一种好办法，因为在一个相对封闭的团体，所有人都知道这个人的性格，你装聋作哑不与他计较，别人会称赞你有风度；你寸步不让和他对骂，别人只当作两个人一起撒泼。也不用担心自己过分吃亏，因为这个人少了沉稳，多了跋扈，早晚会碰壁，千万不要跟他纠缠，降低自己的水准。

（3）对方一时失言，自知理亏

有时候别人说话难免有口误现象，说出来的意思并不是他心里想的，这时候如果促狭地打趣挖苦对方，只会激起对方的反感，甚至让对方恼羞成怒。这个时候你装作没听见，或者幽默地给对方打一个圆场，就能迅速挽回对方的面子，让对方的情绪变得轻松。而你的宽容和谅解，对方会记在心里。

人与人之间难免会有冲突，在某些时候你不做反应、装聋作哑，或者服软赔个罪，浇熄对方的怒火，并不会损害你的立场，反倒是一种最恰当的应变说话技巧。沉稳的人擅长用沉默应对突发的麻烦，没有说话，却能将事情解决得更圆满和不露痕迹。

05

屈到愤极能受得起

忍一时风平浪静

在中国的文字中,"忍"是一个很形象也很有寓意的字。人们常说,心字头上一把刀,是为忍。人有七情六欲,忍并不是一种好受的滋味,有时候让你感觉像是万箭穿心,有时候让你像热锅上的蚂蚁团团转。当你觉得全身的怒火聚集在心口,急于发泄,却能硬生生地将它压下去,继续以冷静的态度为人处世,这时候,你已经成为一个心理上的强者。

有耐性的人有强大的后劲。我们都知道"卧薪尝胆"这个故事,勾践用十年时间励精图治,打败仇敌,就是对"忍"字的最佳解释。不懂得忍耐的人只能依靠一时的实力和运气做事,只有那些懂得克制的人才能知道什么是忍一时风平浪静,什么是谋定而后动,他们甚至能够忍受许多常人无法忍耐的折磨。如果说成功有意识,自己能够选择,它们会选择那些冲动的人,还是那些付出耐心和辛苦、坚持到最后的人?

忍耐是沉稳的根底,也是现代人必须修炼的品性之一。有忍耐力的人多数时候并不强硬,甚至有"随波逐流"的嫌疑,但那正是忍耐的体现。在山顶上,树木常常被狂风吹得七扭八歪,无法生长,而野草随着风向摇摆,一年比一年茂盛,这就是忍耐的力量。在忍耐中,小的能够变成大的,弱的能够变成强的,沉默的可以爆发,强者都是在忍耐中成长起来的。

非洲草原上，两只狮子常年争地盘，水草肥美的地方羚羊就多，狮子的口粮自然也就变多。两只狮子的战争因一只狮子被咬死而宣告结束。活下来的狮子霸占了最好的地盘，还常常恐吓另一只狮子的遗孀和儿女，小狮子们在它的威胁下战战兢兢地成长。小狮子们的妈妈常对小狮子说："不要去招惹我们的敌人，等你们长大了，有力量了，再去反抗它。"

小狮子们牢记妈妈的话，去遥远的地方寻找食物、锻炼体魄，发誓有一天为父亲报仇。那只胜利的狮子起初还记得它们，后来见它们窝窝囊囊，就不留意它们了。几年后，偶尔看到几只小狮子长得壮硕威猛，它不禁心惊胆战，害怕它们寻仇报复，便远远地逃离了这片草原。

事物的发展遵循着一定的规律，人生的起伏也是如此，有辉煌就有屈辱。就像故事中的小狮子，几乎是在屈辱中偷生长大。不可否认的是，屈辱给了它们更多的毅力和耐性，也让它们比一般狮子更坚韧，它们的生活目的比任何同类都明确，成长的过程虽更曲折，却得到了更加强大的体魄和不容小觑的气势，可见，压力能够转化为动力。

想要当一个强者，先要有强者的耐性，生活并非一帆风顺，对于那些想要出人头地的人，生活常常是屈辱和挫折的综合体，为了更好地学习为人处世，他们尝过更多的白眼；为了更好地磨炼自己，他们敢于忍受常人无法忍受的东西。沉稳的人磨炼自己的韧性，他们知道愤怒的时候最需要忍耐，受辱的时候，他们会这样告诉自己：

（1）不必恐惧他人一时的强大

在生活中，恃强凌弱的事时有发生，我们难免要做一两回"弱者"，觉得自己被欺负，却还没有能力反击，感觉自尊扫地，这个时候要告诉自己来日方长，当一个人开始恃强凌弱时，他就已经出现了衰败的信号。他目空一切，你埋头努力；他锐气毕露，你避开锋芒；他为自己的力量扬扬自得，你趁他麻痹大意的时候壮大自己。再过几年，你就会发现曾经的"强"不过尔尔，以前的山峰已经变成了脚下的土丘。

（2）不要因为他人的虚张声势自乱阵脚

有些人专门喜欢虚张声势，吓唬别人，其实他们色厉内荏，没什么实力，他们靠的就是他人不想惹事的畏惧心理。对付这种无赖，首先要调整自己的心理，调查他们的底细，不要怕他们；其次就是多一事不如少一事，如果不是必要事件，不要和无赖耗时间，在小事上宁可吃点亏。总之要记住，不论何时都不能自乱阵脚，自己吓唬自己。

（3）不要停下前进的脚步

来自外界的干扰再强大，也不要停下自己的步调，这是做人做事的根本。有时候外界的压力让你觉得委屈、愤怒、不公正，要相信这都是人生路上必经的事，每个人都难以避免，弱者会悲观叹气，强者则等闲视之。而且根据古往今来的经验，人们的压力往往和成就成正比，扛得住多大的压力，就能取得多大的成就。

（4）有目的，更要有计划

一切忍耐都是为了实现自己的目的，如果失去目的，忍耐就成了懦弱。这个目的可以很大，例如人生理想；也可以很小，例如得到一份更好的工作。当然，光有目的是不够的，目的只能让你坚定自己的态度，不能直接给你收获。有了目的还要有计划，要在重压之下拿出空间让自己发展，确定下一个步骤，确定下一个阶段自己要到什么位置。强者都在有计划地变强，而不是一夜长大。

真正的成熟不在于你能说出多有智慧或者多有哲理的话，而在于当困难切实摆在眼前的时候，你能不能拿出一个解决方案；在于屈辱压到你身上的时候，你能不能为了长远打算而暂时忍耐。只有懂得忍耐的人才称得上是真正的强者，坚持下去，你就会迎来扬眉吐气的那一天。

有时后退是最好的前进

命运是一个古老又现代的话题，每个人都希望自己能够亲手把握命运。而命运难以捉摸，就像古文中说的：“人有旦夕祸福，月有阴晴圆缺。”得意的时候，似乎一切尽在掌握，能够完成任何困难的事，谁知下一秒一切消散，潦倒落魄；失意的时候，觉得全世界都在和自己作对，找不到存在的价值，没想到峰回路转，转机一下子出现在眼前，不禁感叹天无绝人之路。变幻莫测，这就是命运。

对待命运，人们无法把握，只能顺势而为，调整自己的心态接受它。就像古时候的塞翁，得意的时候要想想不妙的后果，倒霉的时候也要看看重新崛起的希望。一切不会有你想象的那么好，也不会有你预计得那样糟。对待命运，能屈能伸是一种最理想的心态。这种屈伸有度，最直观的表现就是在为人处世上的能屈能伸，即忍耐。

沉稳的人方能掌握命运，懂得屈伸的人才能以退为进。对真正的强者来说，屈是成事的一种手段。人生难免有不如意的时候，或者说，人生不如意的时候远远多过一帆风顺。想要掌控，只能先忍耐，因为你手中的东西并不是那么丰富，你还需要抓住更多的东西，包括能力、机会、人脉，然后才能按照自己的心意操控命运。在那之前，不妨收起你的船帆，在海面不引人注目的地方静静打捞，以期待一鸣惊人。

古时候，一个年轻人拜一位名画家为师，在画社学习画画。这一天，他正在练习画猛虎图，笔下的猛虎吊睛白额，栩栩如生。他的师父却在一旁说："你的画技可谓精进，可惜阅历不够，作画终究落了下乘，到底是年轻人。"

年轻人不服气地说："师父，人人看到我画的虎，都说是上品，你怎么说我画得不好？"师父说："我举个简单的例子，你这幅《猛虎扑敌》，画的是猛虎将要与对手作战，但你知道老虎想要攻击对方，会先做什么吗？先要把头尽量低下，贴近地面，这样才能冲得更快。你看看你画的，老虎昂着头，哪里有要战斗的架势？"

年轻人听了，低下头说："看来，不仅虎要低头，做人也该时时低头，请师父今后继续教诲我。"师父笑着说："你能悟到这一点，可知今后前程不可限量。"

老虎对敌时的动作很形象地说明了"能屈能伸"这个成语，就像短跑运动员为了冲刺需要，会在跑道上弯下身子，老虎攻击之前，也让自己低下头，为的是蓄势待发。同理，年轻人懂得谦虚地听从老师的意见，也正是对未来的一种谦虚姿态。只有懂得"屈"，才能更好地伸展，而那些过于古板，从来不知道弯曲的人，最容易折断。

人们都向往一直昂着头的生活，认为只有笔直地走路做人，才算得上堂堂正正。他们不屑于走弯路，不屑于与人周旋，也不愿意退让。他们不害怕失败，认为"自尊才是最重要的"，但是，失败者的自尊对事情的进展没有任何好处，而且这种话更像是失败者在安慰自己——难道成功者就失去自尊了？事实上他们更让人尊重。有时候，成事就是一个委屈自己的过程，你能屈到什么程度，就能跳到相对的高度。当然，"屈"也不是无止境地委曲求全，人可以为了一件事而暂时委屈，但不能一直贬低、作践自己。如何把握"屈"与"伸"的尺度？

（1）当"敌"强我弱时，可以委曲求全

当对手过于强大，自己的力量过于弱小的时候，委曲求全是保留实力的最好方法。前面我们就说过，硬碰硬的傻事不能做，在对待对手时更是如此。你暂时向对方认输，虽然有点没面子，承认的却也是事实，别人不会长久地笑话你。等你有了足够的力量扳回一局，旁人倒要赞你懂得进退之道，是个聪明人。

（2）要有敏锐的观察力，学会捕捉时机

沉稳的人知道，"屈"只是一个暂时的状态、一条权宜之计。一时的屈居人下不代表以后都会如此，想要扭转局面，就要学会在逆境中捕捉时机，否则就会把"屈"变成一种习惯性的常态，变得习惯听人命令、习惯看人脸色，然后沾染了别人的思维，失去了自己的个性。

机不可失，时不再来。"屈"虽然会暂时压制你的独立，但只要有心，你的才能不会因"屈"而削减，你依然可以选定时机东山再起。留心观察每一个细节，学习对手的每一个长处，不知不觉中，胜利的天平已经朝向你了。

（3）在"屈状态"下，要有一颗不屈的心

长期处在"屈"的状态，一定要提醒自己保持斗志，否则很容易变得毫无棱角。有作为的人在困境中须保持一颗不屈之心，记住一切都是暂时的，此刻的低头是为了今后的崛起，而不是把低头变成新的生存状态，一辈子不再抬头。否则，这样的"屈"就成了心理上的屈服，很难再有发展和成就。

（4）见好就收，不要伸展过度

人们的"屈"都是为了"伸"，当你终于有了伸展的机会，能够实现自己的抱负时，要记得凡事有度。有雄心并不是一件坏事，但雄心太大，却容易打乱自己的心智，让自己为了目的不择手段，而且会一改往日的低调，变得张扬跋扈。

久"屈"人下的人一朝翻身，很容易忘记自己是谁，恨不得全天下都知道自己的成就，让自己享受扬眉吐气的喜悦。应该尽量克制这种心情，因为过分伸展可能导致你失去弹性，再也恢复不到过去的状态。等你再次失败，再想"屈"的时候，会发现自己已经散成一团，再也无法凝聚。

总之，不论"屈"和"伸"，都要把握尺度。"屈"并不是屈服，而是前进的预备动作；"伸"也不是张牙舞爪，而是审慎地发展，到达自己想要的高度。只有审时度势、能屈能伸，才能更好地掌握命运。

放低姿态，容纳百川

在生活中，当形势逼人的时候，不得不放低身段，以适应竞争、谋取生存。更多的时候，为了更好地接触他人，为了让他人对自己有更佳的印象，沉稳的人会主动放低姿态。他们的低姿态不是屈尊降贵，而是一种发自内心的平等意识和谦卑态度，这会让人觉得他们温文大方、进退有度，很容易让人产生好感。

谦虚低调也是一种"屈"，表现为处世上的低姿态。低姿态并不是一件丢脸的事，低姿态也不是低人一等，委屈自己迎合别人，而是在最大限度内求同存异，尊重他人的意愿和性格。而且，低姿态可以给人带来实际的好处，他人的尊重自不必说，对于那些谦虚低调的人，人们更愿意提供有益处的指点和帮助，让他们做事更加顺利。低姿态的人不容易得罪别人，这就让他们能够保持良好和谐的人际关系，成为事业的助力，而不是成功的阻力。

低姿态也不是一件容易的事，因为人都有傲气，有实力的人更是如此。想要始终保持谦虚，就要明白自己的缺点，承认自己的不足，随时有一种接受别人的建议、虚怀若谷的心态，不够谦虚的人不懂什么是低姿态，他们即使低头，神气上也带着不服气；不够宽容的人也不懂低姿态，他们即使让步，也会带着"我这是在让着你"的鄙夷眼神，让人更加生气。

一个学徒和师父学习四书五经，他总是幻想自己能一步登天，早日金榜题名。这个小学徒的确聪明，别人读好多遍才能背下来的文章，他能过目不忘。七岁的时候，他就能自己写诗。而且，小学徒多才多艺，画画也不错，他的书法能让名家惊叹。

小学徒的师父是个饱学的大儒，他很喜欢自己的小弟子，期望有一天他能够功成名就。可是，师父发现这个小弟子有点浮躁，也许是年少成名的缘故，他常常看不起那些读书人，认为他们都是死脑筋。师父对小弟子说："我问你，如果你想要一粒种子开花，第一件事要做什么？"

"当然是把它种到地里！"弟子说。

"那么，就按照你说的，先把你自己种到地里，不要还没开花，就已经失去根基。"师父教导他说。小学徒聪明，立刻明白了师父的意思，从此以后，果然变得虚心好学。

种子之所以能够开花，是因为它们愿意将自己埋在土中。有时，低姿态表现为谦虚的态度。承认自己弱小、愿意接受更多的锻炼，并自发地向有经验的人学习，这都是成长的必经过程。浮躁的人很难谦虚，也很难有大成就，而那些对事业带着敬畏之心、对长者带着尊敬之情的人，能够得到的不只是指导，还有尊敬。

低姿态有时还表现为自己对待错误的态度，敢不敢承认自己犯了错误、愿不愿意正视错误的后果、能不能检讨自己的不足，都是谦虚的表现。错误并不可怕，可怕的是拒不承认、死不悔改，这种人总让人觉得遗憾。那么，在生活中，我们应该如何理解低姿态？

（1）低姿态不是没有尊严

很多人对"低姿态"有一种误解,认为放低姿态就是自己承认低人一等,有伤自尊。太过在乎别人评价的人,难免害怕低姿态时丢了面子,但那些心胸开阔的低调者总是愿意俯就别人,让别人称心一些,这不是没有尊严,而是对别人的照顾。

低姿态是什么？低姿态与"屈状态"不同,"屈状态"是有意识、有目的地改变甚至委屈自己,以此达成目标。而低姿态只是一种谦虚低调的态度,这种态度只是对自己、对他人的双重尊重。相反,那些总认为自己高人一等的人,才需要多多检讨。

（2）学会认输

低姿态的人有一个特点：输得起。当失败的时候,他们会痛快地认输,向对手表示祝贺,这是一种成熟者才有的风度,也是沉稳的人才能做出的举动。

认输,代表的是对别人付出的尊重、对别人能力的肯定。认输,不代表从此屈服,而只是一个阶段的结果。在认输之后,因为没有心理负担,反倒能够更冷静地分析对手的优点、弥补自己的不足。懂得认输的人不但会得到对手的敬重,还有更可能很快超越对手。

（3）学会称赞、欣赏别人的高明之处

每个人都有优点,低姿态的人之所以"低",是因为他们看到了自己的不足之处,明白"不耻下问"的道理。他们对一切人、一切事都一视同仁,只要对方身上有闪光点,他们就会称赞,就会学习。他们相信每个人都有比自己高明的地方,找到这些地方扩充自己,才是最重要的。人际交往对他们来说是一个学习的过程,而不是在别人身上寻找优越感。需要注意的是，低姿态的本质是尊重，不是迎合，不能人云亦云，无原则地赞同别人。如果你没有自己的见解，只会做别人的应声虫，即使你的姿态再低，也无法得到别人的尊重。

包容之心不可无

每个人都有自己的缺点，能够忍受朋友的缺点才能交到真正的朋友，否则，你去哪里找一个"完人"？更多的时候，我们需要在交往中主动吃亏，用忍让来包容朋友的小缺点。其实这也并不算吃亏，因为你包容别人的时候，别人也正在包容你。什么事情一旦看开，就无所谓亏不亏。

人际交往中，让自己"屈"一点，能够为自己带来很多实际的好处，其中之一就是让你更容易交到朋友。人都有趋利避害的天性，看到你是一个宽容大方的人，趋利的人自然愿意接近你，这会给你带来更多的合作机会；避害的人也愿意接触你，这会让你结交各种性格的朋友。为人大方、行事大方，都能给自己的事业和生活奠定牢固的基础。

在一个会议厅里，两家公司正在进行跨国谈判，中方公司希望签一个出口合同，日方公司出于实际考虑，总想提高价格。双方经理僵持不下，谁也不肯退步。

谈判进行了十几个小时，中方经理再次提出自己心目中的价格，日方代表也再一次强调自己不能接受。日方翻译因劳累一时口误，翻译的时候竟然出现错误，把"不能接受"，翻译为"可以接受"的意思。这个错误太大了，对中文略懂一二的日方代表立即绿了脸，中方代表也察觉到这个失误，但是，他并没有抓住这个漏洞压价，而是很有风度地再次说出自己提的价格，让日方考虑。

一场虚惊，日方代表对中方代表刮目相看，主动降了一部分价格，中方代表也顺势做了让步，最后，签出了最满意的合同，也奠定了今后的长期合作。

有时候，吃亏也可以成为一种武器，以最直观的行动向对方展示自己的诚意。就像故事中的中方经理，他没有抓着对方的疏忽大做文章，显示了心胸的磊落，更显示出合作的诚意。日方代表敬重这个人的品格，更会敬重由这类人组成的企业，认为值得投入。

在人与人的交往中，每个人都很怕自己吃亏，这个时候，愿意吃亏的人就显得格外可贵。愿意吃亏，代表你愿意容忍他人，愿意给他人行方便，这让他人对你更放心，也更愿意与你相处、找你合作。同样的事，为什么不去找一个懂得为别人着想、可以自己吃一点亏的实心人呢？在生活中，你可以考虑在以下方面"吃亏"。

（1）不要拿自己的优点比朋友的缺点

改变这种以自我为中心的心态似乎是一种心理上的吃亏，但只要想到别人的感受，这个亏就吃得很有价值，把抬高自己变为抬高他人，拿自己的缺点比朋友的优点，朋友会更有自信，你也更能正视自己的不足。

（2）不要为小事和朋友斤斤计较

有些人锱铢必较，经常在小事上和朋友发生争吵，不肯吃一点哪怕是口头上的亏，虽然得到一时的痛快，却换来对方"刻薄""小气"的评价。人与人之间的感情不是菜市场，可以讨价还价，斤斤计较的人得到的只能是经过别人称量过的有限的感情。每个人都怕自己吃亏，你如此，别人也会这样，只有首先摆正自己的心态，才能要求别人宽容。

（3）在利益问题上，要有双赢意识

感情上的事即使吃亏，也在可以控制、可以承受的范围之内，何况感情深到一定程度，就无法用"吃亏"或"占便宜"来计算。在生活中，我们最常面对的是与他人的利益关系。每个人都有逐利性，不是寸步不让就能得到最大利益，从长远来看，双赢才是最稳定的合作关系。有双赢意识的人会用一小步的吃亏换取更大的利益。没有这种意识的人，只会盯着蝇头小利，看不到长远的价值。

让三分理，赢满堂彩

在与人相处中，沉稳表现为"有理有节"，而不是"得理不饶人"，大多数人都有一种思维误区："这件事我占理，怕什么，为什么要让着别人？"的确，很多时候，"理"是在你这边，但有个词叫"情理"，理前面有个情字，如果你咄咄逼人，你固然占着"理"，却失掉了人与人之间的"情"，让人觉得你太过古板冷漠、不近人情。

占理的时候，更能体现一个人的涵养。如果一个人既有"理"，又能顾及"情"，就称得上两全其美。"情"包括很多方面，他人的心情是很重要的一方面，此外还需要考虑自己与对方的感情，如果你愿意为了"情"而让上三分"理"，实际上你并不吃亏，在他人眼里，你有胜利者的风度，也有为人的气度，这就需要你在自己"理直"的情况下不是"气壮"，而是忍耐、劝慰，有时候还要让上一小步。

在与人产生分歧的时候，屈，不是让自己顺从他人的意思，而是提醒自己更加理智、对他人更有礼貌。要知道，即使表面上，"理"在你这边，但他人做的事未必就是错的，他也有自己的原因，所以，面对分歧的最好办法不是争个面红耳赤，而是换位思考，想想对方的立场和心情，尽量给对方发泄和圆场的余地。

左晓利年纪不大，却有很多朋友。朋友们的性格各不相同，有些人暴躁，有些人温柔，有些人憨直，有些人精明，左晓利跟他们都谈得来，他们也都尊敬左晓利。

不要以为左晓利喜欢讨好别人，认识他的人都知道他是个牛脾气，自己认定的事从不改变，但他有个优点，就是愿意接受不同的看法。他常说："我说的是对的，别人说的也不一定是错的，每个人都有每个人的看法。我认死理儿，但不强迫别人认我的理儿。"

也许因为这种个性，左晓利很少与人发生争执，他会理智地听对方的意见，全面分析，并提出自己的观点。他从不强迫他人接受什么，他人却总能从他这里得到一些有益的启示。随着年岁的增长，左晓利也开始改变自己的固执，按照他人的意见修正自己。

沉稳的人和道理脱不了关系，他们的内心极其明白道理，遇到冲突会和人讲道理。更重要的是，当对方明显理屈的时候，他们会点到为止，不会让人下不来台。故事中的左晓利就是这样一个人，他能够在得理的时候"让"理，凡事都能体谅别人，给人留面子，这就保证了人们对他的喜爱和尊重，让更多的人愿意和他成为朋友。

俗话说"有理不在声高"，当你的确有道理的时候，不需要一再提醒别人，也不必非要指出别人的错误，让那个人承认自己失败，有基本判断力的人能看到自己的错误，连基本判断力都没有的人，说了也是浪费时间。就算你正在为某件事愤怒，也不妨让上三分理，这样才能更快地解决问题。得饶人处且饶人，什么时候你应该"饶人"？

（1）自己风光的时候，不妨把面子留给别人

每个人都有风光的时候，这个时候，对待那些失败的竞争者，需要讲究策略。自己风光没必要把别人踩在脚下，多说说自己的缺点、

夸夸他人的优点，就是给他人留了充足的面子。

特别是在有激烈争执、结果又是你获胜的时候，你不把面子留给对方，对方就会自己来讨回面子，已经结束的争论也会因此再度展开，就算下一次你仍然占理、仍然胜利，你真的愿意为同一件事浪费两次精力？不如一开始就把理揽在自己手里，把台阶放到别人脚下。你往高处走，别人就算比你低，也会对你心怀感激。

（2）自己占理的时候，不妨在口头上让让人

有时候，一次争论结束，对方和旁观的人都知道你占理，但是，普通人很难有立刻接受失败的心胸，他们常常唠叨两句，例如"我不是说不过你，我是懒得和你这种人吵架"。这时候你若继续和他争辩，甚至挖苦对方，对方就会加倍恼怒，然后争论就会升级，蔓延到各个方面，本来一次小小的争执，会变成两个人不可调和的矛盾。

自己占理的时候，不要去管别人的唠叨，那碍不着你的事，别去理会他们的唠叨，不是你没有胆气，而是你具有胜利者的大度。

（3）不要挖空心思去改变他人，而是要转变思想接受他人

以为自己有"理"的人，总是希望得到他人的认同，并改变他人的"错误思想"，但他们总是发现这样一个事实：即使对方承认自己是对的，也不愿因此改变。想要改变别人的人，会发现自己徒劳无功，别人太过顽固，从而产生挫败感。

"理"不是生活的全部，你的道理也不一定适用于别人。何况，你已经尝过了"屈"的滋味，为什么还要勉强别人呢？既然你能经受得起困难，为什么不去接受人与人之间的不同？特别是情绪激动的时候，为什么不把在事业上的耐心拿出来，用在他人身上？真正的"理"早晚会被人承认，到时候，别人会感谢你曾经的宽容。

对待生活、对待事业、对待他人，有时候难免屈就屈从，也难免为这样的自己感到气愤，可是，沉稳的人会合理地转化这种气愤，把它变为动力。其实，"屈"一些，不给别人那么大的压力，也不让自己显露太多锋芒，是一件好事。它能够保证你在隐蔽的状态中逐渐壮大，等到别人发现时，你已经成了一个强者，再也不必为外界所屈。

在生活中，每个人都有受委屈的经验。小委屈带来情绪上的波动，大委屈带来生活上的波折。有时人们为了实现自己的目标，不得不承受更多的愤怒，在重压之下默默积蓄自己的力量，以期有朝一日崭露头角。

承受委屈是一种克制，能屈能伸是沉稳。屈到愤极的时候，也要提醒自己一时地忍耐是为了长远地发展。想要利用环境、战胜环境，先要对环境低头，主动去适应它。只有在心理上修炼一种高调与自信，在行为上保持低调和谦虚，你才能在不动声色之间跨越重重障碍，得到更多人的尊重，取得更多成就。

06

喜到意满能沉得下

不在赞美中沉睡，而在赞美中觉醒

当一个人取得成就并因此受到他人关注的时候，赞美声就会随之而来，赞美或出于真心，或出于奉承客套，进到耳朵里总让人觉得舒服，认为自己的一切努力都有了价值。的确，努力与赞美常常分不开，一分耕耘一分收获，下得了苦功的人一般会得到别人的赞美。可是，赞美听得多了，就会出现以下两种状态。

一种人听到赞美，觉得心满意足，第二天会忘记这些话，照旧努力，这是一种理想的成功状态，很少有人能做到。另一种人听了赞美声，心里装满了自己的"丰功伟绩"，再也装不进别的东西。他们完全迷失在赞美声中，变得自负狂妄，认为成功对自己来说是一件轻而易举的事，完全忘记了曾经的自己是经过怎样的努力才赢来今日的成就的。

对人对事，难得的是保持一份警醒。在赞美声中保留理智，就是一种难得的沉稳。所有的赞美只代表过去的成就，你完全可以将人生写成一部账本，计算努力，兑换成功，而且你会发现，努力和成功虽然成正比，但极大的努力有时只能换来微小的成功。这时候，如果你勾销那些努力，一味放大你的成功，正比的一侧就会无限降低，那么另一侧也就是你未来的成功也会跟着降低直至归零。你只能守着过去的成就过日子，这时候人们很少再会赞美你，只剩下你自说自话："当年我取得了什么样什么样的成绩。"

一个魔术师刚刚出师，参加了几场表演，渐渐地有了一些名气。魔术师年轻，禁不住别人几句夸奖，不知不觉就认为自己真是别人口中的"最有潜质的魔术师""×××的接班人"，听不进别人的一点批评，变得扬扬得意起来。

一天，年轻的魔术师去参加一个电视节目，同时电视台还邀请了一位老魔术师，准备上演一台"新老魔术师对话"。谁知年轻的魔术师根本不把老魔术师放在眼里，在和老魔术师"交流技艺"的环节还故意炫耀自己的技能。这些，老魔术师全看在眼里，却没有说什么。

节目结束后，老魔术师在后台低声对年轻魔术师说："你刚才抖扑克的时候，手势虽然漂亮，但这种花哨的姿势成功率很低，在你没用熟练之前，还是不要在人前露出来。"

年轻魔术师大惊失色，这个姿势他练了很多次，成功率不高，刚才为了炫耀才拿出来，心里也着实捏了一把汗，没想到老魔术师一眼就能看出来。从此年轻的魔术师再也不敢在人前得意，他总是说自己的技术还远远不够。年轻的魔术师还特地去拜老魔术师为师，想要进一步修炼自己的技术。

美国汽车大王福特说："许多人总是拥有起劲奋斗的开头，一旦前方出现大道，就自鸣得意起来，于是失败也就现身了。"故事中的年轻魔术师犯的就是这个毛病，他取得了一点儿成就，得到了一些夸奖，就完全不记得自己是谁，以致班门弄斧。幸好他遇到了一位慈祥包容的老前辈，不但宽宥了他的轻狂，还好心提醒他的失误。更庆幸年轻的魔术师是个知错能改的人，他立刻认识到自己的不足，变得谦虚好学。

面对赞美，谦虚应该是一种习惯，而不是一种姿态。当别人赞美你的时候，是因为你做到了他们未能做到的事。这个时候你要想，别人也有很多自己不具备的优点，如果因为自己单方面及单层次的成功，就把自己放在别人之上，那是一种浅薄的见识。何况人外有人，天外有天，也许那个赞美你的人是怀着前辈对后辈的提携之意夸奖你，你如果不能谦虚接受，反倒把这些夸奖当作炫耀的资本，未免贻笑大方。那么，面对赞美，人们最应该做什么？

（1）请赞美你的人指正缺点

面对赞美，如果我们一味地说"哪里哪里""不不不，我做得不够好"，一来有"过分谦虚"的嫌疑，二来别人真心诚意地赞美你，你总说"谁都可以做到"，在有些人听来会成为一种讽刺。有时候，可以坦率地接受赞美，说声"谢谢"，最重要的是，你要请这些赞美你的人给自己提些意见。如此一来，既显得你坦率，又能突出你的谦虚，给人留下更好的印象。

而且，那些真正愿意赞美你的人必然是了解你的成绩和不足，又希望你更加成功的人，由他们来提意见，更有针对性和建设性，会让你受益匪浅。

（2）向那些更成功的人请教

成功应该是一个永不满足的前进过程，而不是一个过去式的停滞状态。拿破仑·希尔认为，任何一个强者都有一条诀窍，那就是不断向优秀的人学习，以此改正自己的缺点、发掘自己的潜质。面对赞美，通过观察那些更成功的人，你能够更快意识到自己的差距；通过请教那些成功的人，你能够迅速忘掉过去那些微不足道的成就，向未来迈进。

不要认为别人对成功经验肯定会藏着掖着，事实上，当你以虚心的态度向他们请教，他们会觉得自己被肯定、被赞扬，也很愿意回忆一下自己的"光荣过去"。这个时候，他们不会吝惜对你的指点。

（3）向那些有良好习惯的人学习

任何人都会被习惯左右，最应该学习的不是某种技能，而是获取成功的习惯。面对赞美，你可以学习他人谦虚的习惯；面对自得，你也可以像那些成功者一样，将自己的成就转化为自信的资本。看看那些真正的成功者如何看待成功，会给你极大的启示。

例如，当人们问球王贝利："你最满意的射门是哪一个？"贝利说："下一个。"贝利曾经面对的是全世界球迷的赞美，但他仍能保持自己的谦虚，定下更高的目标，这就是我们每个人都应该学习掌握的习惯。

顺境需持重，切忌得意忘形

人生失意有之，得意有之，沉稳却需要时时有之，特别是那些鲜花簇拥的场合，沉稳表现出的是一种持重。有一个成语"得意忘形"，形容人因为高兴而失去常态。志得意满的人最容易犯的错误就是得意忘形，他们忘记的不仅是"形"，还有更多的东西。

首先，他们忘记了自己是谁。得意忘形的人总是觉得自己的形象高大，因为小小的成功添了喜气，更是忘乎所以，想要全世界的人都知道自己的与众不同，一眼看出自己是个成功者。殊不知，没见过世面的人才会被他们迷惑，真正有眼光的人，看他们翘着尾巴，早就在心里窃笑不已。那些不自知的人是真正的可怜虫。

其次，他们忘记了自己能做什么。有了小成绩的人自认为手中有了资本，开始耀武扬威，就像狐假虎威的狐狸，沾了点儿老虎的威风，就忘记了自己没什么本事，一旦有个风吹草动，才发现自己的资本少得可怜，根本抗不了事。这个时候只能一切重新开始，捡起那些自己丢掉的东西。早知如此，何必当初？

最后，他们忘记了自己的目标。得意忘形的人最容易忘记自己的目标。人生是一条漫长的道路，成功也是如此，每一个小成功虽然是个不小的跃进，但真正的路途还很遥远。得意忘形的人却把道路上的小土丘当成珠穆朗玛峰，站在上面扬扬得意。于是，他们再也看不到更高的山峰。

楚王带着他的士兵外出打猎，在一片树林里，他们收获颇丰，君臣都很得意。

这时，不知从哪里蹿出一只猴子，上蹿下跳，楚王搭上弓连射几箭，那只猴子身手敏捷，轻轻松松地闪躲过去，仍然在树枝间跳跃。

楚王命令擅长弓箭的将军射那只猴子，谁知猴子太灵活，将军也射不到它，猴子越发得意，在树枝间跳得更欢，还冲君臣做起了鬼脸，显然是在嘲笑这群人。

楚王大怒，命令军士们万箭齐发，最后猴子被几十支箭射死，楚王对着猴子的尸体说:"这只猴子之所以会死,是因为它太不知道自己的分量,得意忘形过了头。"

不管什么事,做过了头就会变成坏事,就像一条小河灌溉两岸良田,它静静流淌,就是一条母亲河;一旦沉浸在别人的赞美中,想要无止境地灌溉,以致掀起滔天巨浪,就会变为灾害。那个时候,谁还会赞美它呢?做什么事都不能一时兴起就做过头,这样不仅会给自己带来损失,还可能给他人带去伤害。那么,如何防止自己得意忘形?

(1) 知道自己能力的临界点

每个人的能力都有一个临界点,超过了就再也做不到。就像每只骆驼都有承重的极限,超过极限,即使再加一根稻草,它也会被累死。准确地衡量自己的临界点,既能避免自己去做那些根本做不到的事,也能避免自己顺着别人的赞美得意忘形。

量力而行不等于拒绝冒险。生命中存在各种风险,如果一味地保守估计自己的能力,不敢承担一丁点儿风险,那么生命就只能按部就班,很难有大的成就。有时候也要在量力的基础上前进一步,让量力变为尽力。这一步并没有超过临界点,或者说它恰恰达到临界点,此时,你的力量发挥到最大。根据自己的知识量、经验值、旁人的客观评价,你能够判断出自己的大概临界点:什么事能做、什么事不能做、能做到什么程度,等等。所有临界点都是一个约等值,会随着你的成长不断变化,要阶段性观察它的变化,才能获得更多成就。

(2) 给自己留下后退的空间

得意忘形往往让人说大话、做"大事",这些都是指自己根本做不到的事。警惕得意忘形,就是要随时为自己留下后退的空间,别因为一时的刚愎而断了自己的后路。

高兴的时候,要想想自己的成功能持续多久,自己还有没有能力持续这份成功。这个时候,危机意识就会悄然产生,你会开始收敛自己,以免因一时的气性走上绝路。要知道绝路很难变为坦途,但后路可以变成前路。

(3)不要太贪心

有时候,成功的境遇会给人一种错觉,似乎自己置身于一座金山之中。但是,如果你一直捡,一直捡,手中的金银财宝虽多,却会压得你喘不上气,这时候如果有强盗,你不但跑不掉,还可能送掉性命,这就是贪心的代价。得意忘形就是贪心的一种形式,太过贪婪于成功的喜悦,以致忘记了失败的可能。这个时候,必须懂得见好就收。

见好就收,就是说在成功的时候可以庆祝,也可以得意,但在庆祝得意之后要立刻回到惯常的状态之中,不要死死抓住过去的成就不放。任何时候都不要得意忘形,那些忘记自己的能力、初衷的人,都会被过去牢牢绊住;只有那些懂得见好就收、适可而止的人,才能不断前进。

莫做骄兵，骄兵必败

在生活中，我们常常看到骄傲的人，他们往往有一些优点和成绩：或者长相姣好，或者家境不错，或者成绩优良。他们不喜欢和"普通人"交往，对待那些优秀的人，他们能保持客气，对待"普通人"，他们的眼睛像是长在头顶上，说话做事都带着傲气，认为所有人都不如他们。这样的人自然也是别人嫌恶的对象，对待他们，人们会自动忽略他们的成绩和优点，只盯着缺点，认为他们不过如此。

沉稳的人不会让自身的缺点干扰自己的行为，他们最先克制的个性就是骄傲。人都有骄傲的资本，有时甚至相信"骄傲使人进步"，但是，不能错误地把骄傲看作自信，没有看到骄傲的片面性。骄傲者总是拿自己的优点和别人的缺点比，这样一来，优点显得突出，甚至盖过了自己的缺点，于是他们更加沉浸在优秀的幻觉中，忘记了"人外有人，天外有天"，也忘记了每个人都有自己的优点，那些被他们轻视的人，其实不比他们差。

常言道："骄兵必败。"骄傲容易让人招致失败，此时的骄傲是因为你所处的环境显示出你的优秀，如果换一个更大的环境，你未必有优势。就像一个区级的尖子生，考上了省级重点高中，他会发现自己的成绩总是位居末位。这个时候，骄傲心理就会让他无法承受巨大的心理落差，导致厌学和自卑。与其如此，不如平时就保持一颗平常心，公正地看待自己，也公正地看待他人。

一位父亲正在为教育女儿烦恼，他的女儿今年只有13岁，也许是家庭条件好，父母溺爱，小女孩年纪不大，心性却不小，平日眼高手低，从来不把别人放在眼里。

也难怪，这个孩子头脑聪明，人又漂亮，从小学习就好，还一直是学校的大队长，她的确有骄傲的资本。父亲觉得小孩子眼界开阔一点、自信一点是好事，所以以前虽然知道孩子骄傲，却也不怎么说她，但最近的一件事却让父亲改变了想法。

事情发生在一个星期天，父亲教女儿学开车，女儿上手快，没多久就掌握了要领。那条道上没什么人，还有另外几辆车也在练习，女儿指着其他几辆车对父亲说："那些笨蛋也好意思出来开车！"父亲没想到女儿已经骄傲到了这个程度，留心观察之后发现，女儿说起其他人都是一副轻视的口吻，这让父亲大大吃不消。自己的女儿怎么会变成这个样子？难道真的是受的打击太少？

骄傲是一种以自我为中心的心态，骄傲的人会漠视别人的成绩，天长日久，这种漠视也会成为一种习惯，即使别人真的有了什么成绩，他们也会看不起，这就极大地影响了他们的提高。无法认同别人的人，无法更好地提高自己，无法欣赏别人的优点，也就失去了一个良好的学习机会，这是他们个人的损失。

一个沉稳又有智慧的人不会小看任何一个人，他们会保持谦虚的态度，遏制自己心中的骄傲，他们不会用片面的眼光看待别人，或者说，他们更愿意忽略他人的缺点，更多地盯着值得自己学习的地方。他们愿意赞扬对手、赞扬他人,并把赞扬的对象当作自己的学习目标。那么,如何克服骄傲?

(1)开阔眼界,明白强中自有强中手

有时候,骄傲并不是因为自我意识过剩,而是因为眼界不够开阔,在自己的小圈子里待得久了,什么事都是第一,难免滋生骄傲情绪。这时必须把目光放得更远,看看外面的世界,看看那些真正的成功者取得了怎样的成绩,通过自我比较,找出自己的缺陷。

自我比较有两种:一种是横向比较,不但要和自己周围的人比,还要和更大范围的人比,如此总能遇到年龄资质和你相当却比你做出更多成绩的人,这时候你就能明显地看到自己的差距,然后学会谦虚;还有一种是纵向比较,就是和历史上的名人进行对比,当你取得一定成绩,高兴之余看看那些名人在你的年龄取得了什么成就,就能产生紧迫感,再也不敢炫耀。

(2)要看到个人对团体的依赖

骄傲有时来自对个人力量的迷信,这个时候,你应该投身到集体协作之中。在集体中,你会发现一个人的力量虽然是重要的,但远远不是全部。你还会发现那些你平时轻视的人能够做一些你根本做不好的事。当你真正和别人形成一个整体时,你会发现每一个人都有自己的特点,你也只是整体中的一个,并没有那么了不起。这时候你无法再夸大自己的才能和力量,而会懂得欣赏他人的优点和付出。

(3)要记住别人超过自己的地方

对付骄傲最有效的办法是正视他人的优点、学习他人的优点。如果你愿意静下心来观察,你会发现每个人身上都有值得你学习的地方,每个人都有不可多得的优点。如果你放下身段虚心请教,你会得到很多靠自己无法获得的知识，所以人们才说，海纳百川，有容乃大。

骄傲最大的危害就是故步自封，看不到自己的劣势，以为自己已经做到了最好，看不到别人的进步。如果你不能加快步伐，很容易就被别人甩下。当别人都在弥补自己的缺点的时候，你千万不要自大自满，以为自己到达了顶点，要记得来日方长，笑到最后的人才是赢家。

成功时激励自我，不要刺激他人

炫耀不是一种好习惯，炫耀出于一种虚荣心态，但真正成功的人往往不需要炫耀，更不需要亲口炫耀，所以，炫耀代表了一个人的尴尬局面：高不成、低不就，想要得到别人的夸奖，又没到尽人皆知的程度，只能自己吃喝两句引人注意。这种成功不能算是真正的成功，最多算是人生道路上的一次小风光。

而且，炫耀还可能影响到你的人际关系。总是对别人炫耀自己的成绩，会给人留下浮夸的印象，更有人认为你在吹牛。何况人的能力各有不同，你炫耀自己的能力时，那些没有能力的人难免不舒服，认为你在讽刺他们。

老彭近日鸿运当头，他首先是签了好几笔大单子，连续升了两级；其次是他的儿子刚刚考上了重点大学，他脸上添光；最后还有他久病的老母竟然好转，一天比一天硬朗。老彭认为自己时来运转，见了人总忍不住炫耀，脸上露出得意的神情。

一天晚上，老彭和几个好友喝酒。有个朋友的公司经营不顺，心情低落。老彭刚开始也和其他朋友一样安慰他几句。酒过三巡，就变成了拿自己成功的人生经验安慰朋友，告诉朋友人生都有低谷，只要挺过去，就能像自己一样，事业、家庭双丰收。朋友越听越不对味儿，最后找个借口提早离开了。

事后，另一位朋友提醒老彭："你自己春风得意，这是好事，但是也不用见人就吹嘘，尤其是在那些失意的人面前。你考虑过他们的感受吗？你这不是炫耀吗？"

最好的成功应该是一种自我激励，而不是对旁人的一种刺激。就像故事中的老彭，一味地炫耀自己，忘记体谅别人的心情，这种成功给自己带来的不只是喜悦，还有人际上的麻烦。对待成绩，最好的办法是低调，尽量少说，最好不说。有吹嘘自己的时间，不如想想如何更进一步、如何让自己有更大的资本。

其实，获取成功不是不可以说，但要讲究方法，如果把你的成功说出来，别人觉得酣畅淋漓，还能得到不少启示，既满足了自己，又让别人受益，何乐而不为？最怕的就是你吹嘘半天，那些真心诚意想要祝贺你的人也觉得你太过夸大其词，言语间有了酸溜溜的意思，相信你也会为此郁闷。向他人述说自己的成功并不难，以下"低调炫耀"

的方法值得参考。

（1）少点自我标榜

自我"吹嘘"要恰到好处，不要变成自我吹捧。要把重点放在自己的奋斗过程上，而不是你得到的成绩。要知道，对于这些成绩，别人早就清楚，你又何必再把它们说一遍？

而那些奋斗过程，特别是遭遇的困难会让人们敬佩你的毅力，自然就不会再对你的成功产生质疑心理和忌妒心理。而且，少说成绩的人会给人留下踏实的印象，你的形象会被人们自动放大。你的优点和成绩不需要自己评价，他人自有看法。

（2）先让别人说说得意的事

在同一张饭桌吃饭的时候，最怕的就是一个人在大谈自己的成功经验，别人只能在旁边听着，既不能插话，也不能打断。说着说着，说话的人和听话的人都觉得尴尬。

欲扬先抑是个好办法。想要夸自己，先让别人自夸一番，挑个别人爱说的话题，让他们谈谈自己的成功，说两句适当的赞美话，然后再谈谈自己。这个时候，大家都有话聊，都有资本，谁也不必忌妒谁，还能够互相学习借鉴。

（3）如果旁人再三追问，也不要假谦虚

人们对成功者都具有眼红心理，还有一种夹杂着好奇心的学习意识。当别人诚心诚意地邀你谈谈成功之道，你一再推辞，就显得不够大方，不如满足一下别人的好奇，也满足一下自己小小的虚荣。最重要的是，不要等到别人出现不耐烦的脸色，你才停止说话，要在别人还有兴趣的时候就收住话头，这样别人不仅意犹未尽，还会觉得你谦虚得体。

炫耀是每个人都应该避免却不容易避免的习惯。我们能够做到的就是尽量少给别人刺激，在成功的时候不妨多谈谈自己的缺点和不足，以更谦虚的态度向他人请教。甚至可以说说自己的未来大计，请别人提提意见。对那些说话泛酸的人也不妨抱着宽容的心态，不要理会他们言辞态度上的挑衅，不必让无法欣赏你的人影响到心情。要记得成功者的最佳状态并不是炫耀，也不是别人的称赞，而是一种切实的影响力，能够指导自己，也能够为他人做出榜样。也就是说，他们已经成为"成功"本身，这才是每个有志者的目标。

春风得意时让自己静下来

在生活中，志得意满的人最难放下两样东西：名和利。这并不奇怪，名是一种社会价值，利是生活的物质基础，有了这两样东西，才谈得上真正的人生意义。真正淡泊名利的人并没有脱离名利，只是将对名利的追求控制在一定范围之内，实现了人格的超越，所以，追名逐利并不是什么坏事。

可以说，志得意满与名利往往分不开。人们立下的志愿多是成就一番伟大事业，让他人记住自己；人们意气风发，多是因为自己有了优渥的物质生活，也就有了更大的选择空间。名利双收是志得意满的基础，至于名利的大与小，因人而异，但实质没有差别。我们需要讨论的是在志得意满之后如何看待名利。

名利如过眼云烟。名与利生不带来，死不带去，甚至不能伴随你一辈子，太过看重它们，就是在自己身上绑了一个沉重的包袱；无节制地追求它们，就是给自己挖了一个黑洞；时时刻刻想着它们，会让自己患得患失，生活得不快乐。

这个时候，人们就会佩服那些沉稳的人，他们和其他人做着同样的事，却因为考虑得多、看得长远，能够在该拿得起的时候拿起，该放下的时候放下。对待名利，他们保持了一种从容的心态，所以，沉稳的人不会愁思百结，而是在生命的各个阶段都能享受快乐。

萧伯纳是英国著名的戏剧大师，他的作品《巴巴拉少校》《华伦夫人的职业》《鳏夫的房产》都在世界上享有盛誉。萧伯纳以幽默的语言闻名于世，他是个敢于自嘲也懂得幽默的人，当人们问他为什么能在盛名之下保持自嘲，他讲了这样一件事。

萧伯纳成名后，经常接受采访，每天都会收到读者的来信，他自信在这个国家，已经没有人不知道自己的名气。

有一天他在公园散步，碰到一个可爱的小姑娘，他和这个小姑娘玩了整整一个下午。当小姑娘要回家的时候，萧伯纳对她说："回去不要忘记告诉你的妈妈，今天陪你玩的人是萧伯纳。"小姑娘立刻说："你也不要忘记告诉你的妈妈，今天陪你玩的人叫杰安娜！"

从那以后，萧伯纳收敛了自己的骄傲，他明白了这样一个道理：就算是再有名的人，在某些人眼中也只是普通人。与其为一时的浮名骄傲，不如把自己当成普通人，与人平等相待。

过分看重名利的人，就不能以平常心看待生活，就像这个故事中说的，对于小姑娘来说，名字只是一个符号，可以让别人认识你，没有其他的含义。而在萧伯纳眼中，名字却代表了他的地位和成就，他认为人们都应该知道这些成就，所以会产生失落感。但名字就是名字，在知道它的人心中，名字也许有一些附加含义，但在多数人眼中，它只是一串字母。一旦事情与名利挂钩，人们就会失去平静的本心，变得虚荣。

面对名利，"不喜不忧"是最佳状态。名利来的时候，将它视作一种报酬，一种长久努力后的丰硕果实，就可以心安理得，不必为突来的一切喜不自胜；名利走的时候，明白自己与理想有了差距，明白自己的能力出现了问题，反思自己、重新修正自己的人生计划，自然也不会哭天抢地。只有具备从容的心态才能保证人生的安稳，那么，如何能达到"不喜不忧"的境界？

（1）制定更加高远的人生目标

每个人都曾为自己得到的成绩喜不自胜：小的时候，考全班第一不但能让我们自己觉得扬眉吐气，也会得到父母与老师的夸奖、同学与朋友的羡慕，再长大一点，我们取得成绩的同时，总是伴随着夸奖和羡慕。不过，一时的成绩不等于一辈子，很多取得过小成绩的人只考到了一次全班第一，只在一个阶段得到过夸奖和羡慕，这是因为他们在接受夸奖的时候将目光牢牢地锁定在已有的成绩上，没有看得更远。

凡事都要看得长远，取得成绩的时候更是如此，所有的成绩不过是通向成功的一个阶梯，有雄心的人不会在某一阶梯上停留，而会选择继续往上走。当你觉得喜不自胜的时候，不妨开始寻找下一个阶梯，如此你会发现任重道远，再也不敢为一时的小成绩浪费时间。

（2）重视生命中最重要的东西

追逐名利的人容易迷失本心，他们最初追求的并不是名利本身，而只是把名利当成一种实现理想的手段。但是，随着享受欲的扩大，他们越来越迷恋浮华的生活，变得利欲熏心，早已忘记了最初的理想，忘记了生命中最重要的东西。

什么是生命中最重要的东西？答案仁者见仁，智者见智。但是，那些拼命攫取金钱的人忘记了生命中的良知；那些拼命工作的人忘记了身体上的健康；那些把事业当成唯一目标的人忘记了感情上的平衡……当他们得到了想要的名利，总会觉得空虚，因为生命中最重要的东西已经被他们错过，再也无法挽回，所以，在志得意满的时候不妨想想生命中缺失的那些东西，它们大多与名利无关，少了它们，就会是你最大的损失。

（3）不要对得失耿耿于怀

名利得失有双面性，理智看待，这些东西就会成为促进你前进的动力，过于看重，就会成为束缚你身心的绳索，所以，不论是得到还是失去，都不要耿耿于怀，以免长久地影响自己的心情。把一切看淡，才能牢牢把握生命的本质与核心。

当你正值春风得意时，请让自己冷静下来，别让骄纵影响了自己的前途，别让自负葬送了自己的前程，浅薄的人才会把别人的赞誉当作享受，处处表现自己。自命不凡时，他们的短处也会随之暴露。成功时淡定一笑，收敛起张狂的心，庆祝过后继续沉着地前进，不要让胜利冲昏了头脑，因此，小心志得意满时所潜在的危机，只有把每一次成功都当成休憩的小站，才能攒足力气继续大步前行。

07

情到心迷能站得稳

不合适的爱，终将曲终人散

漫漫人生路上，美丽的爱情是生命中最重要的一部分，奇妙的缘分让远隔千里、素不相识的人成为相伴一生的伴侣，共同分享喜怒哀乐，艰难时做彼此的臂膀，这种亲近、依赖很难用语言表述。不过，并不是每个人都有机会遇到恰恰好的另一半，即使再动人的爱情故事，如果主角双方在人生观、价值观、个性取向、生活目标方面存在过大的差异，也无法有完美的结局。爱情是美好的，但不是所有爱情都合适。

在爱情中修炼沉稳的第一步，就是要认清什么样的爱情最适合自己、什么样的爱情能够天长地久。相应地，那些不适合自己，明知道是一场悲剧的爱情，你即使仍要尝试，也要保证自己能够承担它带来的后果。事实上，它不会有伤心和受到伤害之外的结果。

科学家曾经进行过这样一个实验：他们饲养了一群白鸽，平日让它们生活在宽敞的庭院中，白鸽们随时随地都能在蓝天上飞翔。过了一段时间，科学家们把白鸽关进一间大房子，房子四面是墙，只有一面是透明的玻璃，鸽子们为了得到自由，争先恐后地向着玻璃飞去，它们每每被高硬度的玻璃撞得眼冒金星。

科学家们认为不久之后白鸽们就会另想办法，因为，在玻璃旁有一道虚掩的门，不费什么力气就能撞开。没想到这些鸽子从来没有注意这道门，只盯着玻璃外的亮光，不断地飞过去，然后撞伤自己。即使如此，它们也没有想过改变自己的思路。对它们来说，玻璃外的蓝天有太大的诱惑力，它们不愿意放弃努力。

天涯何处无芳草，何必单恋一枝花？就像实验中的白鸽，换一条路径就能得到自由，死脑筋只能把自己撞得鼻青脸肿，为什么不能承认自己错了，去追求更对的人呢？迷恋这种状态一旦产生就很难解脱，但是，未来的人生还很长，你真的愿意一辈子单恋一个人，看着对方幸福、自己默默付出地过日子吗？相信绝大多数的人不会选择当这样的情圣。

有头脑的人明白什么样的爱情最适合自己，那个人应该能够激发自己的热情，让自己迷恋；还应该适合一起生活，共同搭建自己的小家庭；最好还是贴心的伴侣，让自己在任何时候都不觉得孤单……感情并非完全利己，但是，如果不能让自己得到满足，那么早晚会觉得意难平，不如一开始就找一个最合适的。那么，如何判断你的爱情是否合适？

（1）两人是否有共同语言

共同语言既包括共同的兴趣爱好，也包括共同的生活目标。爱情的结果一般都是步入婚姻的殿堂，要想想生活在一起几十年的，如果你们既没有可以交谈的话题，又没有共同奋斗的目标，那会是多么无聊的一种状态？或者说，你们到底为了什么而结合？难道是为了对方出色的长相或者成绩？这些外在的东西都不能保证爱情的长久，真正决定爱情的是灵魂的吸引。

（2）对方身上是否有你不能忍受的缺点

不要高估自己的忍耐力，也不要高估他人的承受力，相爱固然没有什么理由，没有什么条件，但如果对方身上真有你完全无法忍受，又不能更改的缺点，你真的能保证自己能忍耐几十年？比如你是一个大方的人，最受不了吝啬贪财，你的另一半如果整天为几毛钱的菜和你算计，你真的受得了？对那些有着你根本无法忍受的缺点的人，还是赶快说再见为妙。

（3）两人的条件差距是否过大

如果两个人受到的教育相当，接触的人差不多，自然会形成相似的人生观，更容易理解、欣赏对方，更容易和睦相处。相反，如果两个人差距过大，不论这差距是人生观上的、家庭上的、经历上的，还是性格上的，都需要谨慎对待。因为差距导致差异，差异导致无法理解沟通，很容易产生矛盾。在恋爱时，必须客观地认识到这种差距，并仔细思考究竟能不能弥补。

（4）你是否想要改变对方

恋爱的时候，恋人一方发现了另一方的缺点，或者另一方身上有让自己无法忍耐的地方，会安慰自己说："今后可以慢慢改变。"不知多少人有这样的心思，并为此努力。绝大多数的人都会发现，想要改变对方几乎是不可能的。对方的个性由很多年的积累形成，怎么可能在一朝一夕之间发生更改？改变并非不可能，但如果你无法尊重、接受对方现在的样子，你不过是在谈一场没有结果的恋爱。

（5）看看对方如何对待别人

爱情的开始也许是一见钟情的心动，但爱情会变成生活，另一半也会成为生活中最重要的伴侣。这时候，应该看看对方如何对待身边的人，包括父母、朋友、同事、弱者……如果对方是一个懂得感恩也懂得付出的人，自然也不会对你太差。如果对方只为自己考虑，对他人的贡献总是挑三拣四，那即使现在迷恋你，以后也不会对你有多好。

谈恋爱需要用脑子，需要避开那些不合适的对象，选择最适合自己的另一半。当你们有共同的追求、相互体谅的个性、和谐的相处方式，才能算是相配的一对，你才能从这段关系中领悟真正的爱情，享受美满的生活。

从情到伤，迷恋也是枉然

关于爱情，有很多著名论断，其中之一就是：得不到的永远是最好的。特别是谈了很长时间的恋爱，一旦分手，那份失落感就会铺天盖地，而且在自己心目中，对方的形象会越来越高大、越来越完美，谁也无法与之相比，眼睛里也看不到其他人，被这种迷恋折磨，不断对别人说："我失去了最好的那个。"

那么，得不到的真的就是最好的吗，还是因为你太过遗憾，导致了一种幻觉？大多数人想到自己付出的心血和努力，越是没有得到回报，就越是放不下这段爱情。到最后，他们也不明白自己留恋的究竟是某个人，还是放不下曾经的努力和感觉。

覆水难收，理智的人都懂得这个道理。过去的感情让自己形成了惯性的依赖，突然失去对方，觉得天塌地陷，可是伤心不能挽回对方。何况，两个人的分手一定有不可调和的原因，即使挽回，裂痕已经产生，双方仍旧不可调和，复合一段时间过后，又会出现第二次分手。死灰不能复燃，逝去的爱情也不能重来。

大学四年，小美与男友相识相恋，度过了一段甜蜜浪漫的时光。临近毕业的时候，就像每一对"毕业那天说分手"的情侣那样，他们也遇到了实际问题，男友需要按照家里的要求回去当公务员，小美却希望留在大城市继续发展。再三商量后，两个人发现谁也不能放弃自己的事业，只能放弃爱情。

男友离开后，小美迅速消瘦，白天的时候，她是朝气蓬勃的白领，晚上则以泪洗面，反复回忆她与前男友共度的那些日子，越想越觉得放手太可惜。可是，她不愿放下大都市的繁华，去一个小县城过平淡无奇的一生。她陷在痛苦中，也曾疯狂地找过那个男孩，可是男孩更换了所有的联系方式，像是人间蒸发了一般。

小美的情绪一天比一天低落，她久久地徘徊在事业与爱情中，无法抉择。直到有一天，老同学告诉她男孩已经结婚，这个消息非但没有让小美走出迷恋，反倒让她更深陷在痛苦中。她不断想如果自己肯放下现在的工作，新娘是不是就是自己？直到有一天，她因为精神萎靡耽误了工作，被上司叫去谈话，她才发现自己为了一段早已放弃的爱情耽误了太多东西。

爱情是心理上的一种感觉、一种需要，一旦消失就很难追回，看不开的人最容易为情所伤。故事中的小美就是一个痴人，她为了一段自己放弃的感情以泪洗面，这是典型的优柔寡断。既然如此留恋，当时就不该放弃；已经放弃，还婆婆妈妈，这不就是为难自己？而且为了一段失去的感情耽误现在的生活，也是一种不明智。

一定要想想，认识对方之前，你的生命中就没有其他亮点和快乐吗？失去对方你就失去了生命的全部吗？如果答案是肯定的，那么对方值得你放弃一切去追回。但在绝大多数时候，答案都是否定的。你需要的是合适的疗伤方式，将过去当作美好的回忆，开始一段新的生活。那么，如何"拔慧剑斩情丝"？

（1）好聚好散，不要为难他人

感情是美好的，却并不一定会长久，当对方明确地表示这段感情不合适，或者自己另有所爱，你又何必强求？不合适是因为不愿意与对方磨合，换言之，感情不够深；另有所爱是因为有了更好的选择，换言之，移情别恋。你真的希望自己未来的爱人是一个对你感情不够深、随时可能移情别恋的人？如果答案是否定的，你就没必要留恋对方，甚至没必要为难对方，好聚好散，也不枉费大家相识、付出一场。

（2）给自己一段独处的时间

分手后你需要的是冷静，还要重新面对孤单的生活，这个时候需要一段独处的时间，仔细想想这段感情的得与失，也许你会产生一种释怀的心态。独处还可以让你换个心情，暂时忘记失恋的苦闷，计划一下自己的未来。人生不会因一段感情的结束而结束，它应该有坚强独立的内蕴与魄力。

（3）不要迅速开始新恋情

有些人克服不了失恋的伤痛，会迅速开展一段新恋情，以填补自己的"空窗期"，用新的热情弥补旧的伤害。其实，这并不是一种明智的做法，首先它对新恋人不公平，其次你在这段新的感情中投入的不是爱恋，而是渴望得到一种心理上的补偿。迅速开始的新恋情就像受伤时用的创可贴，虽然一时缓解了疼痛，却无法治愈。想要高质量的爱情，还是要等到彻底告别旧伤痛之后。

（4）用其他事来填满自己的时间

失恋的感觉是强烈的，是一种无法摆脱的精神痛苦，这个时候，干脆用大量的工作麻痹自己，让自己忙得没时间去想失恋这回事，让自己累得根本忘记爱情的感觉。如果你愿意用其他事将自己的时间填满，过上一两个月，你会发现伤口早已麻痹，虽然还觉得疼，却不再那么撕心裂肺。而且通过一段时间的劳累，你会发现生命中还有很多事等待你去完成，不能为了一段感情就放弃全部人生。

得不到的也许是好的，但那终究会成为一种过去，不用费尽心思去挽回，因为强求来的东西终不会让你称心如意，不如潇洒地放开手。"此情可待成追忆，只是当时已惘然"，惘然过后，你还要面对漫长的人生。打起精神，你会遇到更适合你的人。

付出得太多，反而是种伤害

用情深的人，常常希望自己能够给对方无微不至的关怀和保护，特别是那些聪明、理性、做什么事都很优秀的人，总是希望另一半听从自己的意思，按照自己的计划行事，他们有信心让生活变得美好，只要对方配合，但是，他们发现对方往往不那么愿意配合。对方不是小孩子，每件事都替对方做好，会让对方觉得困惑无力。

还有一种情况，当一个人为另一个人付出太多，这种爱就变成了另一个人的负担，而且感受不到在这段关系中自己付出了什么，越来越没有存在感。这时候，爱就变成了一种伤害，如果付出的人还在不停地说："你看看我为你做了这么多事。"另一个人就更会觉得承受不起，从而想要结束这样一段失衡的关系。

沉稳的人会用理智的态度对待自己的爱人，就因为深爱对方，才会更加尊重对方的个性，维护对方的空间，让对方自由发展，而不是给对方戴一个脚镣，让对方按照自己的意思行事。他们希望给对方提供一个遮风挡雨的地方，而不是把对方关在园子里豢养。想要维持相爱双方的平等，首先要保证对方发现自我、相信自我，而不是没有自我。

一位牧师路过一个花园，见花园里鸟语花香，一派春日祥和的景致。牧师正在享受漫步的悠闲，突然听到一棵高大的树上传来一阵哀鸣，举头看去，是一窝小鸟因害怕而啼叫。

"这么小的鸟却放在这么高的树上，难怪会害怕。"牧师想，他不忍听到小鸟的叫声，就拿了梯子，把鸟窝放在低一些的树枝上。

第二天，牧师依然路过花园，又听到小鸟的啼叫，于是牧师又将鸟窝放低了一些。如此几天，小鸟终于心满意足，发出欢悦的声音，牧师终于能够放下心了。

没过多久，牧师又一次路过花园，却听不到鸟儿的声音，只看到低矮树枝间空荡荡的鸟巢和散落的羽毛。原来，鸟巢放得太低，小鸟都被附近的野猫叼走了。牧师顿时明白，自己对小鸟的帮助最后杀死了它们，他懊悔不已。

这个故事是一个关于爱的寓言，旨在告诉人们太多的爱会成为害，不论是父母对子女，前辈对后辈，还是爱人对另一半，没有节制的包办式的爱，都会让对方无法独立。也许你爱一个人，很希望给对方一种过度的爱，让对方离开你就活不下去，但这其实是一种自私的想法，因为你不曾想过有一天你不在了，对方如何生存。你无法保证对方的周全，只有在日常生活中锻炼对方，让对方有自己的能力、自己的事业、自己的朋友圈，这样才是真正为对方着想，才是真正的保护与关爱。

真正的爱是一种责任，既有保护的责任，又有督促的责任。当你爱一个人，对方应该因你的帮助变得比以前更好，而不是渐渐失去自我，成为一个附庸，完全没有个性。这样的一个人渐渐也会对你失去吸引力。那么，如何判断你给的爱是否过度？

（1）是否过于包办，干涉到对方的兴趣爱好

两个人的关系需要互相让步妥协，有时候为了使一个人高兴，另

一个人难免委屈，如果有一天，对方突然跟你说："我决定分手，我受不了你的干涉。"这说明你对对方的干涉已经超过了对方的接受底线，对方并不是因为一件事提出分手，而是多个事件的累积。

每个人都有自己的兴趣所在，那是生命乐趣的一部分，无法由他人决定。你觉得音乐能够给人带来最多的快乐，对方偏偏喜欢画画，这个时候你不能逼迫对方放弃绘画。你逼迫的即使不是大事，但这种霸道的态度也会让对方的不满逐渐扩大，最终导致两个人关系的崩溃。

（2）是否过于不均衡，变成对方的压力

情感的付出是相互的，应该注意均衡。一旦一方只懂得付出，另一方只懂得接受，这段感情就会出现问题。或者是付出的一方累了，或者是接受的一方厌倦了。只有彼此付出、彼此接受，才能保证一种感恩与爱护的双重心态，这种心态正是爱的土壤。你可以不计较付出，但不要让对方觉得他什么都不用做，要让对方察觉你的需要，这才是一段稳定的关系。

（3）是否耽误了自己的正常生活

爱情的前提是保证自我，而不是失去自我。爱情需要现实基础，也需要个性基础，保证自我的独立、坚强是维持爱情的重要步骤。如果为对方的付出严重地干扰了你的正常生活，不但让对方不自在，也让你失去了往日的步调，这时候就可以判断自己爱得过度。试着调整自己的生活重心，做到兼顾和统筹，才是维持生活与爱情的两全其美的方法。

爱情常常让人们有这样一种觉悟：无论付出多少都觉得不够。但是，爱不可过度，用最理智的态度对待自己的爱人，是对爱情最好的呵护。不必什么事都按照对方的想法进行，也不必强求对方同意自己的每一个观点，爱情如果也能把握合适的"度"，才能真正不变、长久。

爱情需要理智，婚姻更要谨慎

有一首歌这样唱道："相爱总是简单，相处太难。"相处，是普天下正在恋爱的男女面对的难题。当爱情以婚姻为前提，相处就成了双方必须解决的难题，甚至是当务之急。步入婚姻首先要考虑的是爱情，是双方的个性是否合适、能否尽心维持一段感情，让它有始有终，这是婚姻的基础，必须谨慎对待。

爱情是两个人心灵上的共鸣，但婚姻却有双重意义，它既包括浪漫的一面——相爱的两个人从此白头偕老；又包括现实的一面——婚姻，不只是两个人的结合，还包括两种经济体、两个家庭、两段社会关系……婚姻不是儿戏，必须将方方面面的困难提前考虑，才能保证婚后生活的和谐美满，否则，就要面对层出不穷的婚姻问题，直到前方出现红灯。

爱情需要冲动与激情，是本能；婚姻却需要头脑和计划，是沉稳。不能简单地认为有爱情就能解决一切。沉稳的人在爱情上认真，在婚姻上聪明，他们不会被一时的激情冲昏头脑，他们要将二人可能面对的困难一一分析到位，事先协调，达成共识，这样一来，即使问题真的出现了，两个人也会很有默契地按照之前商定的方法迅速解决，不留下隔阂。

于珊一直自诩单身主义，抱定不结婚的念头，经常给她的朋友讲述结婚的坏处：没有自由、婆媳关系、经济问题、孩子问题……但是，当她遇到同样一直单身的谭立，这种观念立刻发生了改变，他们都认为对方是自己的命中注定之人，认识不到三个月，他们迅速登记结婚。

"闪婚"后的日子并不好过，柴米油盐的生活迅速消磨了浪漫，于珊和谭立很快发现彼此身上不能忍受的部分，虽然都是些生活琐事，但每天的大吵小吵也让他们疲惫。例如，于珊喜欢吃中式饭菜，而海归的谭立喜欢吃西餐，每天早上必备面包和咖啡，两个人会为中餐西餐哪个更有营养争论不休。类似的争论存在于生活的各个方面，两个人个性都要强，谁也不愿意服输，在日复一日的争论中，终于决定离婚。

在上述事例中，一段闪电式的爱情以闪电式的方式结束。在恋爱的时候，谁也不认为自己的婚姻会以离婚告终，人们习惯性地相信对方、相信自己、相信来之不易的感情。一旦接触到琐碎复杂的现实生活，人们又会习惯性地纵容自己、苛求对方，抱怨各方面都不如意的生活。故事中的于珊与谭立日复一日地因为相处问题争论，其实他们的个性差异在结婚前并不是没有端倪，可是他们被感情冲昏了头脑，来不及辨别发现，也来不及思考。

婚姻是人生大事，一段美满的婚姻会使人的生活质量大大提高。在心态上能够得到稳定感，建立责任感；在情感上有了依靠感、信任感；在经济上虽然多了压力，但也有了目标感。每个步入婚姻的人都想要美满的婚姻，但美满的婚姻需要结婚前的计划和筹谋，而不是婚后一点一点地修补，所以，步入婚姻必须谨慎，应该从以下方面考虑婚姻的可能。

（1）经济基础

爱情是风花雪月，婚姻是柴米油盐，步入婚姻最现实的问题是衣食住行，衣食住行的基础是金钱，虽然很俗气，却是最现实的问题，解决不了，再美好的感情也会变成空中楼阁。没有人能在吃不饱肚子的时候谈情说爱，除非他们不在乎未来。

想要结婚，首先要衡量双方的经济基础，两个人是否能够负担未来的住房、生活、育儿等费用，两个人以什么形式共同支配未来的财产，两个人各自的爱好花销应该如何分配，是否存在不对等，这都是双方必须考虑的问题，否则它们会始终困扰着婚姻，成为一道挥之不去的阴影。

（2）两人的脾气能否磨合

每个人都有自己的脾气，而且，脾气这种东西很难改变，即使改变也是一时的，这就需要两个人达成共识：愿不愿意与对方磨合？在遇到问题时，愿不愿意退一步，体谅对方？两个人究竟存不存在原则分歧，根本无法调和？

当谈恋爱变为过日子，多数人都会发现自己身边已不是当初那个人，很多小缺点、小毛病一一浮出水面，让人失望灰心，这就是婚姻对爱情的最大考验。如果你愿意容忍对方的小缺点，下定决心与对方磨合，你会发现对方的个性其实从来没有变过，只是你了解得更加深刻了。从某种意义上来说，如果你愿意接受，那就是爱情的深化。

（3）双方家长、亲友的意见

爱情是两个人的事，婚姻需要涉及两段社会关系。两个人的相爱未必得到所有人的赞同，即使得到了所有人赞同，在生活中也难免遇到摩擦和纷争，这时候，如何摆正双方亲友的关系，就是一个让人头疼的问题。

如果不能体谅对方的亲友，总是提各种意见，甚至发牢骚，对方基于护短心理，自然也不会体谅你的亲友，甚至连同对你的感情也一天天冷却。亲友虽然重要，但毕竟是你们生活之外的人，没必要因为他们惹对方不快，不如泰然处之，以礼待之，对方自然会感激你的体贴，你们的生活也会更和谐美满。

对结婚抱有谨慎心态的人，才能收获圆满的婚姻。激情不能解决实际生活中的问题，爱情不能当饭吃，只有将方方面面的问题考虑清楚然后再步上红毯，婚姻才能长久。

在事业与感情中找到平衡点

对一个成年人来说，人生有两个基点：一个是事业；另一个是感情。缺少事业，一个人无法确立自己的价值，会觉得自己无用，在另一半面前也觉得抬不起头，长期下去还会有很强的危机意识，担心自己成为另一半的负担；缺少感情，事业做得再大也没有最亲密的人分享喜悦，总觉得人生不够完整，年纪越大，越觉得自己形单影只，没有情感上的归属感。

但是，当一个人开始谈恋爱、步入婚姻后，常常发现事业与感情出现矛盾。特别是现代人，每日生活忙忙碌碌，心情时常焦躁，没有多少时间去经营感情，导致现代社会的婚姻很像家庭旅馆，两个成员行色匆匆、疲于奔命。在这种情况下，感情越来越可有可无，没有精心维护的感情就像没有肥料的花，病怏怏地生长，总有一天会枯萎。

对沉稳的人来说，事业和感情不是天平的两端，而是一个综合体。感情是事业的"后勤基地"，事业是感情的物质保障，他们能在感情与事业中寻找一个平衡点，让家人理解自己的事业，愿意成为后盾；也不会无限制地忙碌，忽略家人的感受。面对两个同样重要的东西，比较毫无意义，最重要的是协调，这样生命才能平衡，不会出现偏差。

张志自从交了女朋友后，生活有了很大改变，用钱钟书的小说《围城》中的话说，就像驴子突然有了赶驴子的人。女朋友各方面都很优秀，但有一个缺点：太爱管着张志。张志想要换一个工资低一些却发展机会更好的工作时，女朋友会反复讲述做工作应该稳重，不应该总想着跳槽。张志知道，女朋友不同意的原因是新工作出差次数太多，两人离得太远。

张志是个有事业心的人，他希望自己能心无旁骛地工作，给家人和女朋友幸福稳定的生活，而女朋友却总是抱怨张志不够体贴，整天只想着工作。张志希望自己的另一半也是个重视事业的人，而女朋友却把家庭当作全部，甚至想辞掉现在这份前途好但忙碌的工作，找一个轻松稳定的公司，以便有更多的时间过两人世界。张志反复和女朋友分析现代社会的压力，却发现他和女朋友根本无法沟通。

常言道，一个成功的男人背后都有一个默默付出的女人。由此可见，另一半是否愿意支持，是事业成功的重要部分。随着男女分工差异的缩小，默默付出的人不再局限于家庭妇女，不过，任何一方的成功需要的都是对方的体谅和支持。像故事中张志的女朋友，显然是在"拖后腿"，现在是一个会限制对方发展的女朋友，今后也不会成为贤内助。

感情可以是心灵的全部，但不是生活的全部。付出与体谅应该是双方的事，尊重自己的事业，也要尊重对方的事业，这就需要两个人互相体谅，寻找出最好的途径，兼顾家庭与个人发展，否则，只会出现恋爱因现实压力分手的结果。家庭与事业之间并不是没有平衡点，以下是一些简单的"平衡方法"。

（1）把家庭装在心里

现代社会生存压力巨大，想要做出一番成就，需要作出很大的牺牲，其中就包括对爱情、家庭注意力的削减。即使你的爱人能够体谅你，你也要用实际行动表示你的心里有家庭，每天都不要忘记和你的家人联系感情，即使时间很短，也好过什么都不做。

不但自己要知道，也要对家人表达清楚，争取得到家人的理解。在事业上有了什么变动，也要和家人商量，让他们参与其中，成为你事业的一部分。这样他们才能真正放下心里的小芥蒂，切实地为你的事业着想。

（2）合理安排自己的时间

当人一心扑在事业上的时候，恨不得一天有 48 小时，恨不得世界上其他东西统统消失，只有工作。这也是现代人可悲的习惯之一。工作狂虽然容易取得成就，支付的却是自己的时间与健康。如果没有一定的时间维系感情、休整身心，早晚有一天会发现自己的生命里只剩下工作，再无其他东西。

重视工作的人要特别注意合理安排时间，可以把休闲与和家人团聚合二为一，既照顾了家人的情绪，也舒缓了工作的压力，保证自己得到足够的休息，一举多得。如果事先商定的休闲活动被突来的工作打断，也要表达自己的歉意。

（3）别把工作带回家里

劳碌了一天，你身心疲惫，这个时候你应该把和工作有关的一切统统留在自己的公司，以轻松的心态回到家中享受天伦之乐，工作中的情绪更不应该带回家里，在工作中遇到不快，也不能拿家人当出气筒。将心比心，你劳累一天回家后，想不想看到自己的爱人板着一张脸，在你们的家里继续加班？

事业与感情能否平衡，关键在于你愿意付出多少努力。即使工作再忙，你也要辛苦一点，打个电话多一句问候，就能让爱人理解你的苦心。只要坚持下去，你们就会找到合适的相处模式。还有，在某些时候、某种场合，事业和感情的确有轻重之别，但在任何时候都不要为了其中一个而完全放弃另一个。

08

财到眼前能看得淡

财富与幸福感并不成正比

现代社会，每天都有人为缺钱烦恼。缺钱带来的麻烦直观而让人烦躁：也许是只剩一件的衣服，也许是突然需要的支出，也许是一个好的投资机会，这个时候，没有钱，就会让人加倍气恼。金钱占据着生活的重要部分，缺少金钱使很多事不能如愿进行，这是无奈的事实。

经常有人把这句话挂在嘴边："等我有了钱……"仿佛有了钱，一切问题都会迎刃而解，再也没有烦恼。可是，金钱并不代表幸福，缺少金钱也不能代表不幸。最简单的例子，按照"没钱就是不幸"这种逻辑，没钱的人根本没有欢乐可言，事实上，很多没钱的人生活得有滋有味，甚至比富人还要充足快乐，这从根本上说明了贫穷与不幸无关。

而且，有了钱真的就有了一切吗？没钱的人有没钱人的烦恼，富人也有富人的烦恼，不懂得珍惜当下的生活才是烦恼的根源。生命中总有比金钱更重要的东西，如果你不能发现，不论你是穷是富，都不会有幸福感。相反，如果你仅仅把金钱当作生命的附属品，即使贫穷，也不会有过于强烈的不幸感。如果每个人都能看穿这一点，那么每个人至少在心灵上都不贫穷。

一家美国科研机构针对"缺少金钱会不会降低幸福感"做了专项

调研，绝大部分人相信只要自己的收入能够增加，哪怕只是增加5%或10%，生活就会有极大改善。

可是，研究人员同时发现，做出这种选择的人既有低收入的工人，也有年薪百万的经理级人物，也就是说，所有人都对自己的薪水不满意。即使薪水如愿增加，他们也会出现新的问题，甚至有更多的烦恼。研究人员说："人们通常为金钱烦恼，以为有了金钱就会有幸福，事实上，年薪几千元和年薪百万元的人的不幸福感并没有太大差异，与其说缺少金钱是不幸福的理由，不如说不能有效利用金钱才是烦恼的根源。"

专家建议，有效利用金钱包括合理的投资和合理的消费，两者缺一不可。"每个月、每一年都要拟订财政计划，即使你赚的钱很少。减少不必要的支出，每个月拿出收入的一部分进行固定投资，才能使金钱变成真正的财富。"

从这个调研来看，使人们不幸的不是缺钱，而是缺乏对金钱正确的认识和正确使用金钱的方法。每个阶层都有每个阶层的麻烦，加薪可以解决一部分问题，但不能解决所有问题。没有正确的金钱意识，薪水只能叫作薪水，无法变成真正的财富，这是很多现代人面对金钱常常出现的思维误区。

缺少金钱不能成为不幸的理由，让自己多一些金钱的想法也并不是错误的，有时候因为你不懂利用金钱，所以导致了匮乏，这是你的失误，所谓的不幸也是你自己带来的。查缺补漏，你需要修炼如何掌控金钱，让自己用有限的资金做出更多的事。为了让自己不那么缺少金钱，下面的方法可供参考，它们能够让你初步具备理财意识。

（1）学会记账

想要控制金钱，就要确切了解你的每一分钱来自何方、花在何处。记账是一个好习惯，账本能够让你清楚地看到现金变成了什么，是变成了生活中有用的东西，还是一笔完全无效的花销。通过翻阅账本，你能很直观地发觉自己不良的消费习惯，并提醒自己下次改正。不然，你只会看着空空如也的钱包抱怨"钱怎么这么快就花没了"，想不到有多少钱你根本不必花出去。

（2）拟定预算

一份合乎实际的预算能够规范你的花销，因为有了预算表，在花钱的时候就会有所节制，而生活的"硬成本"是每个月都要首先扣除的，这部分雷打不动的支出因为预算的存在有了切实保证，不会因其他意外而影响基本生活。此外，消费是为了满足需要，要将一部分金钱用在自己的爱好上，不然生活仅仅是干巴巴的生存，谈不上享受。对待自己不可以完全放纵，也不可以十分吝啬，才能保证你快乐的心情。

（3）保险意识

积累财富最重要的是要有长远意识，而消费财富最重要的是要买一个长久保证。在个人财产中，保险意识应该放在重要位置，因为你不能预测人生中可能出现的意外，只能在物质上为这些意外事先预付一笔金钱，以免到时无法应付。保险不只包括人寿保险和财产保险，还应该包括一笔机动性的存款，帮你应付那些突发的麻烦。

（4）眼光要长远

不要因为此时的工作不好、收入不好就总是想要跳槽，目光要放长远，你应该看到的不是你现在能赚多少，而是现在的工作给你带来多少隐性收益，例如经验、机会、接触的事物，这些都是金钱不能买来的，更不要因为一时的贪财做自己后悔的事，不论是赌博还是孤注一掷的投资，都是应该避免的。理财是一份长久的事业，需要一点一滴地累积和坚持。此外，在教育上的投资也应该引起你的重视，因为人在不断进步，就离不开充电与学习，把一部分金钱放在教育事业上，就是对你未来的最好投资。

当你觉得缺少金钱的时候，要告诉自己这只是一个暂时的现象，你的薪水会不断提高，你的境遇会不断改变，只要你愿意努力，现在不过是你人生中的一个糟糕时期，很快就会过去。不要因暂时缺少金钱而唠唠叨叨，积累自己的财富，开始自己的理财计划，你才有可能成为未来的富翁。

金钱乃身外之物，淡然以对

在赚钱之前，先把钱看淡，是一种难得的沉稳。一个有头脑、有计划、懂节制的人，他会想办法充实自己、提高自己，让自己更有竞争力，并把自己的劳动和思想转化为更多的金钱。这个过程就是一个走向成功、实现自我的过程。但是，当一个人真的拿到了足量的金钱，危险也随之而来。

有了钱，诱惑也相应增多，很多过去未能尝试的事情，现在可以轻易去实现，这就让人们开始追求享乐，忽略了自己最初的目标，为了享乐，更加疯狂地追逐金钱，甚至开始相信"人为财死，鸟为食亡"，为了金钱违背良心，最后彻底迷失在自己的欲望里。

心灵一旦因金钱迷失，人就会越来越贪婪，忘掉自己的底线，这个时候，他们的世界观也会发生扭曲，认为金钱高于一切，有钱就能买到一切，只有钱才是最重要的。在他们心中，亲情、爱情、友情，一切人与人之间的感情也可以用金钱换算，他们不再相信金钱以外的任何事，只在乎自己是否高兴，不会理会旁人的感受，这就是拜金的危害。如果没能未雨绸缪，此时也要亡羊补牢，至少不要因为拥有金钱而失去自我。

一位父亲带着儿子去参加一个拍卖会，以锻炼儿子的金钱意识。他对儿子说："我给你500美元，你可以去买自己喜欢的东西，但要记住，你只有500美元，千万不要超过这个数额。"

拍卖会上货品种类繁多，儿子看中一把中世纪的古董刀，这把刀并不是名贵的物品，但那种古朴的样式很让他心动，他听到底价只有100美元。

很快，拍卖开始了，儿子兴致勃勃地出价，当价格超过400美元的时候，儿子的额头冒了汗，随着价格的增长，他发现自己越来越喜欢那把刀，想要拥有的念头越来越强烈。很快，价格超过了500美元。他求助地看着父亲，父亲摇了摇头。最后，儿子只好放弃竞拍。

拍卖会结束后，父亲高兴地对儿子说："虽然你没得到那把刀，但你学到了更重要的东西，就是给金钱限定数额的能力。一个人如果不能控制金钱，就会被欲望左右，为了金钱无所不做。你一定要知道自己究竟拥有多少金钱、自己的底线在哪里，才不会迷失。"

故事中的父亲有目的地训练自己的儿子：一个超过500美元的古董刀并不是经济负担，但既然事先设定了价格底线，就算再喜欢也不能购买，这就是对控制力的培养。这种控制力会换来清醒的消费意识，让你不会为一时的头脑发热付出大笔金钱，而让你的生活出现问题，或者让你无节制地花钱。

现代社会，处处都有消费陷阱，一个人的金钱再多，也应付不了五花八门的消费项目。只有牢牢控制自己的钱包，知道自己买了什么、不能买什么，才能始终保证金钱在为自己服务，而不是自己被金钱牵着走。那么，应该如何防止金钱上的迷失？

（1）把金钱花在最重要的地方

每个人的价值观不同，消费观念自然也就不同，防止胡乱花钱的最好方法是把金钱尽量花在最重要的地方，其余做投资和储蓄。最重要的地方可能是生活，可能是学习，也可能是某种个人爱好，只要它能够给你带来真正的幸福感，又对你的生活有所裨益，为其花费多也是值得的。最重要的地方还包括生活中最需要用钱的那些方面，例如家庭开支。总之，钱花在刀刃上，是使用金钱的最佳方法。

（2）面对欲望要懂得喊停

人们之所以为金钱迷失，就是因为有太多的欲望。欲望这种东西没有尽头，你不停下，它就会一直增长，让你觉得无比空虚，试图用金钱填满。但是，如果你懂得适可而止，在适当的时候停下脚步，欲望带给你的就会是成就与满足。

欲望太多并不是一件好事，就像你吃美味昂贵的蛋糕，吃一个、两个的时候觉得口齿甘甜、全身舒服，到第三个也许就觉得发腻，一直吃下去就完全不再是享受，而只是满足"吃美味昂贵的蛋糕"这一需要。对待欲望，在最恰当的地方停住，你就是幸福的。

（3）为自己定一个消费底线

欲望不可控，但底线却可以自己制定，强制执行。也许一开始的时候你会觉得难受，不管怎么控制还是会超过预设的消费底线，这时候你要对自己采取强硬方法，事先列出购物单，坚决不买超出购物单范围的任何物品，或者带恰好够的现金出门，让自己没有机会去花多余的钱。连续几个月锻炼下来，你渐渐就能规范自己的消费行为，懂得"刚刚好"比"看到什么好买什么"的生活要强很多。

（4）要有慈善概念

也许有一天你会成为一个富翁，或者成为一个相对富裕的人，这时候，你可以保持对自己的节俭、对金钱的谨慎，但别忘了金钱是身外之物，太多就会成为你的负担。如果能用一部分金钱给予需要它的人，也会给你带来极大的满足感和幸福感。

沉稳的人不会视金钱为一切，他们始终用自己的理智牢牢控制着消费，并将金钱用在最应该使用的地方：也许是改变自己的生活，也许是帮助别人改善生活。他们用金钱换来适当的享受，也许这样的人生才是美满的、自由的、充实的。

别做满身铜臭的人

财富需要被善待,而不是依靠财富虚张声势。沉稳的人懂得"不露富"的重要。有了财富不要随意显露,要提高自己的生活质量,但不要用金钱把自己装扮起来。一来可以防止周围的人产生心理落差,因羡慕或忌妒对自己产生反感;二来可以保证自己的心灵不被外物牵制,一心一意想更重要的事。

孙军是个成功的商人,但在朋友圈子里,人们对他的评价并不高,都觉得他"满身铜臭"。尽管孙军开着豪车,住着豪宅,出入高档场合,别人却都觉得他太过看重金钱。他时不时在朋友面前吹嘘自己赚了多少钱,炫耀自己去了哪些国家旅游,住的是什么样的旅馆,他的妻子儿女穿着什么样的贵重名牌……这些都让朋友们觉得太有距离感。

在朋友交际上,孙军只爱和那些有权势、金钱的人攀关系,看不起那些不会赚钱的朋友,他甚至公开说"人以群分",有钱人凑在一起就会越来越有钱,而和没钱人在一起则会变得穷酸。因为孙军的个性,老朋友不约而同地和他疏远,新朋友也看不惯他的拜金行为,就连孙军的亲人也觉得他有点俗不可耐。

每个人都应该有正确的金钱观念,要追求物质和精神上的双重享受。一个满身铜臭的人很难有精神上的追求，所以，在日常生活中要尽量做到以下几点。

（1）不要开口闭口都是钱

真正的成功者很少把钱挂在嘴边，因为那也许仅仅是个数字上的概念。金钱是个好东西，它能够极大地改善我们的生活，满足我们的各种需求，但是，张口闭口都是金钱的人，就像钻进钱眼里，只看得到利益，绝大多数的人都不会欣赏。

（2）让自己的精神生活更丰富

笼统地划分，人的生活应该包括两个方面，也就是物质生活和精神生活。既要能够满足自己的衣食住行，也要同时注意精神生活的丰富。

一个人如果在赚钱的同时也追求精神生活，他的品位必然会不断提高，因为金钱能够为这种追求创造条件。这个时候，他再也不会开口闭口都是钱，而会谈一些更高雅、更风趣、更实际的话题，因为人的魅力来自人格，而不是口袋里有多少钱。

（3）注意身边人的感受

不是说不可以谈钱，而是说你要注意旁人的心情。如果别人帮了你的忙，你直接要给钱答谢，这就把对方的好心当成了有目的的劳动，伤感情；如果你要帮朋友做什么，还没开始做就谈条件，也伤感情。

而且，开口闭口都是钱的人往往很贪婪，满身铜臭的人常常会让人觉得为了钱不择手段，甚至心理已经被金钱扭曲，完全是一个金钱怪物。那些凭借自己的能力赚来金钱又不炫耀的人，会得到人们的佩服；而那些自己赚了钱去帮助别人的人，则会得到众人的尊敬。也许你还没有到达最后一种境界，那么至少做一个让人佩服的人，而不是人人厌恶的拜金主义者。

金钱与时间，掌握两者平衡

多年前有一首歌叫《我想去桂林》，里边有这样几句歌词："可是有时间的时候我却没有钱……可是有了钱的时候我却没时间。"无奈地唱出了金钱与时间的关系：想要赚钱的人总是脚不沾地地忙碌着，那些不工作有时间玩的人往往没有足够的金钱。金钱和时间似乎是完全对立的，有了一方就不能有另一方。

金钱和时间的关系远不止"有钱没时间"这么简单，事实上，金钱能够买来很多东西，其中就包括时间。举个最简单的例子，当你想要享受一个与阅读和音乐相伴的下午，就可以拿出金钱雇一个钟点工对你的房间进行大扫除。但是，如果你想着"自己做就能把这笔钱省下来"，那也可以用一个下午的劳动省下一笔钱。每个人的价值观不同，不过，如果你的财富支付钟点工工资绰绰有余，为什么不用一点金钱来换一下午的休闲，而偏要让自己腰酸背痛？

人们的金钱观念应该逐步改造转变，过日子需要节约，但是，如果事事节约，时时节约，即使手里有钱也让日子过的紧紧巴巴，赚钱的意义何在？赚钱是为了自己能有更多的闲暇享受生活，而不是让自己工作的时候累，休闲的时候更累。理智的消费观要杜绝挥霍，但也要避免那些不必要的节省，在量力而行的基础上，让自己活得更舒服，才是体现金钱真正的价值。

一个山村里住着一对兄弟，他们每天在地里劳作，日子过得很安稳。有一天，邻国发生了战争，国王派遣军队去邻国帮忙平定叛乱，每一天都有军队从山边经过。士兵们来去匆匆，常向居民们买些蔬果干粮。哥哥每天都要带着野果等食物守在路边，将这些东西卖给士兵，得到一枚枚铜币。对这个生财之道，哥哥很得意，劝说弟弟跟自己一起干。

弟弟却劝哥哥不要浪费时间，因为战争早晚会结束，等到士兵再也不经过这里，哥哥就再也得不到钱，还会荒废好不容易种下的田地。哥哥根本不听弟弟的劝告，仍旧每天等待着军队的到来。弟弟没办法，只能自己回到田里，继续辛勤耕种。

半年后，战争结束了，军人们很快回乡，哥哥再也赚不到钱，转眼到了冬天，他连过冬的粮食都没有，只好求弟弟接济。更糟糕的是，他连明年的种子都没有准备好，生活陷入困顿，只好去帮弟弟种田，以期混上一口饭吃。

这个故事说明了时间与金钱关系的复杂程度。当人们看到赚钱的机会时，很难克制自己的心动，在短时期内，捞一笔的机会谁都不想放弃。可是，如果没有相应的资金增值方法，还不如脚踏实地地工作。就像故事中的哥哥，如果他能用赚来的钱投资买卖、学习知识，甚至购买一批家畜、购买一些种子，他的生活不比弟弟差，可见有金钱意识虽然重要，也要有时间意识，特别是长远的眼光。

沉稳的人知道"一寸光阴一寸金，寸金能买寸光阴"，花钱买更多的时间，而不是反过来，要用时间换取金钱。于是，聪明人的时间和金钱越来越多。如果你也想做这种聪明人，就要首先形成以下观念。

（1）不要为小利浪费时间

觉得钱不够花的时候，总想动点脑筋、花点时间赚些零花钱，如果时间充裕，条件允许，赚一笔外快有益身心还能增加经验。但是，如果你本身是个大忙人，却为了点小钱浪费休息时间；如果你本身是个备考学生，却放下复习去做家教，都有本末倒置的嫌疑——是未来重要，还是你现在的外快重要？不是万不得已，不要为小利浪费宝贵时间，因为将来有很多赚钱的机会，只要你有足够的精力和资本，就可以赚比现在多很多倍的钱。

（2）当金钱与时间有冲突，果断珍惜时间

时间和金钱有时候会产生冲突，也许是现代社会的压力所致，多数人觉得时间不要紧，赚钱才是最重要的，所以，他们可以为了赚钱而压缩自己所有的时间，包括休息，包括与家人的相处，包括娱乐。理想的生活本来就包括赚钱的时间和生活的时间，二者需要保持平衡，人才能既保证生活的需要，又有幸福的生活感受，所以，除去必须支付的赚钱时间和一定量的加班，不要让金钱挤压自己的所有时间。珍惜时间就是珍惜生命。

（3）用金钱换取时间

如果你有大笔存款，雇用一个专业理财师，虽然花费不菲，但实际收益却比自己胡乱研究、冒险投资得到的更多，而且你还可以用省下来的时间换更多的钱。

还要记住的是，钱可以再赚，时间一旦过去就回不来。要明白时间的宝贵，争分夺秒做最重要的事，不论是学习、打拼，还是恋爱、玩耍，不要想着"有钱以后再去做"，即使有一天你有了钱，那些年轻的感觉和干劲再也回不来，你得到的只有怀念和伤感。

盲目攀比，心灵受害

现代社会，每个人都在追求自己的生存意义和存在价值，其中最外在的标志之一就是物质生活。多数人赚来的金钱全都变为衣食住行相关的消费，想让自己活得好一点，是每个人的追求。

不过，一旦对这些外在层面的东西过度追求，甚至把"被他人羡慕"当作生活的目的，就会陷入虚荣的攀比中。有虚荣心的人见不得别人比自己好，看到别人有什么自己却没有，心里就会难受，恨不得立刻有一笔钱超过别人。在生活中，他们的攀比无处不在，不论是邻居买了新车还是同事用了新款手机，他们都会很快买来更新款的东西，以显示自己的生活质量更好，根本不管自己的财政状况，也不管自己早有了车和好几部手机。

盲目攀比的下场是凄惨的，首先就是你的生活中多了一堆你根本用不完的东西，那都是看到别人有，自己跟风买来的。跟风的东西一旦过了风潮就会无人问津，于是你买来的东西很快就成了无用的垃圾。此外，你的脑子里也塞满了"垃圾"，每天盯着别人买了什么、做了什么，以防自己落伍，这时候你还有什么心思打拼事业？

池小姐是一家外资企业的白领，平日最大的爱好就是追求名牌。她每个月都要订阅十来本时尚杂志，立志要做个时尚弄潮儿。她的手机总是随着潮流更新换代，她的皮包能花掉普通打工者三个月的薪水，就连她穿的丝袜也是日本进口的名牌。

不要以为池小姐是个小富婆，她只是擅长省吃俭用，把所有工资都砸在购买名牌上。她说这是没办法的事，因为"办公室的员工个个都穿名牌，我不能穿得太寒酸"。池小姐非要跟上潮流的脚步，让自己光鲜漂亮而不顾实际情况，也难怪她总是觉得入不敷出，身心疲惫。

虚荣害人不浅，攀比最重要的根源是虚荣以及根本没有自知之明，不知道自己的实力和能力。攀比不是不可以，关键在于你要选对目标，让它变为前进的动力。

沉稳的人最警惕的就是虚荣心，因为比自己强的人太多了，一一比过去，一定会超出自己的承受范围。聪明的人会将这种虚荣心引导到更实际的方面，例如看到别人加薪而更加努力工作；看到别人报外语班，自己也马上报一个。沉稳的人即使虚荣，也会在有用的方面与人攀比，而不是比一些表面化的东西，浪费自己的时间和精力。在对待财富的问题上，应该保持头脑清醒。

（1）不要为攀比借债

和人攀比已经让你的生活被虚荣心支配，如果攀比上升到斗气，人们很可能为了"不服输"而花光自己的钱买一时的面子，甚至为此借债。

借债不是不可以，谁都有手头紧不方便的时候，也有想要做事急需资金的时候，不论是为了现在的生活还是为了将来的打算，借债也是一种投资。但是，为了虚荣心借债，只会使你变得更虚荣。到了"债多不愁"的地步，你的信誉也会彻底破产。

（2）保持平常心才会快乐

看到别人生活得好，羡慕别人赚的钱多，这是人正常的心理活动。对待别人的生活要有一种理性而自信的态度：就算他现在生活得比你好，你付出和他一样，甚至比他更多的努力，难道不会活得更好？对待他人的成功应该保持平常心，过自己的生活，真正的快乐是什么？就是花一分钱就买一分钱的快乐，而不是认为要有多少钱才能买到快乐，快乐只来自你的内心。

一个沉稳的人不会因今日的贫穷而陷入精神上的困窘，他们相信小财积大富，每个人的财富都能逐渐积累；也不会让今日的富贵影响对生活的一贯态度，因为钱财毕竟是身外之物，人的一生不能只追求身外的东西。他们以冷静理性的态度对待财富、主导财富，最终看淡财物，于是就出现了"贫，志不改；达，气不改"的君子之风。

金钱是现代社会不可回避的话题，绝大多数人都在追求财富，却不得不面对两个难题：拥有金钱的人认为再多的钱也买不来心灵上的满足感；缺少金钱的人认为自己的钱总是不够花。前者是心态有问题，后者是方法有问题。

以小财积大富是一种能力，视大富为小财是一种沉稳。钱财是身外之物，财到眼前若能看淡，人的精力就不会长久被身外之物占据。现代人对待财富应遵循"古老习惯+现代思维"的方法论，牢记君子爱财，取之有道，用之有度，理之有方。

09

苦到舌根能吃得消

苦中作乐，达观接受现实

人生如茶，细品之时就会发现，苦味是人生的基调，不同的是，通透的人能品出清香，知足的人能品出余甘，有毅力的人用它提神，有雄心的人用它醒脑……归根结底，人生是苦的，佛家归纳出人生有七苦：生、老、病、死、怨憎会、爱别离、求不得。生命的每一个过程固然有快乐，却也都伴随着痛苦，有时甚至看不到快乐，只有苦闷的阴影。

面对人生的痛苦，我们不能像圣人一样达观，也不必整天用"天将降大任于斯人也"来安慰自己。苦就是苦，每个人都要经受，谁也不会例外，我们需要的是一种对痛苦的忍耐力，保证自己能够吃苦，以及在吃苦中得到报酬的能力，还有敢于吃苦，在苦难中也能找到意义、找到乐趣的心态，这样的能力和心态，才能保证我们在人生的风风雨雨中保持乐观和活力，取得巨大的成就。沉稳是一种生存智慧，这种智慧往往在苦难的背景下产生。换言之，能否在苦难中提炼智慧，直接说明一个人是否沉稳。

一位名记者曾经讲过这样一个故事。

那时我是个初出茅庐的报社记者，每天都有好几个采访任务，常常写稿写到凌晨三点多。我也曾经想过这个工作太累，想换一个轻松的工作，不过，有一次采访改变了我的看法。

那天我去敬老院采访一位83岁高龄的老人，他是省书法协会的荣誉会员，在书法上有自己的特色。这位老人很健谈、很随和，虽然生活在敬老院，但他的房间里摆放着各种字帖，每天与书为伴，生活很雅致。当我问他高龄是否给他带来不便时，他说："我要尽情享受生命的每一天，不会去想它给我带来的不便。"

如果仅仅是采访这位老人，我不会有这么深的感受。让我印象更深的是在回来的路上，那时候我还没有车，只能不停地倒公交车。在一辆公交车上，我看到一个十几岁的小孩一脸疲倦，他目光呆滞，就算有老人站在他旁边，他也不站起身——不是他不让座，而是他根本看不见，他似乎完全忘记了周围的一切，只是麻木地翻着手中的习题集。

当活力盎然的老人和了无生趣的小孩同时出现在我面前，我突然明白生命的状态是由自己的心态决定的，你认为它苦，它就会苦不堪言；相反，你认为它很好，它就会给你无穷的乐趣。当我调整了心态之后，我发现原本枯燥的工作不再那么让我厌烦，我开始积极努力，不到一年，我就有了升职的机会，之后越做越好。

很多时候，苦是一种心态，当你觉得生活苦，就能在外在环境中找到许多佐证：年纪也好、困难也好、烦恼也好，都让自己的心苦上加苦。人生之苦不分年龄，不分性别，也不分身份，人生的乐也是如此，懂得寻找快乐的人到哪里都能找到令自己高兴的事。就像故事中的高龄老人，年纪给他带来了行动上的不便和迟缓，但他却比年轻人更加懂得如何享受生活。

人生不怕没有快乐，只要有迎接快乐的心态，快乐就会在不经意间与你不期而遇。人生怕的是自苦，把自己淹没在苦水里，看不到任何光明和希望，每天不断地咀嚼着苦涩。人生固然很苦涩枯燥，但总有很多事让你恢复活力，将这些事找出来，就是在痛苦中寻找快乐，让人生不再只是一个重负。那么如何"苦中作乐"？

（1）肯定自己

很多时候，影响你意志的不是外界环境，而是自信心的丧失。一个人一旦否定自我，即使有再多的机会他也看不到，有再多的快乐他也不愿理会。当你觉得苦不堪言，首先要做的是重新肯定自己，找回过去那颗自信且执着的心。

肯定自己包括很多部分，肯定自己的能力、肯定自己的付出、肯定自己的个性，并告诉自己有些东西曾带来怎样的成功，虽然生活让你失去了很多，至少它们一直陪伴自己。留得青山在，不怕没柴烧，只要像过去一样努力，就能渡过难关，重塑辉煌。

（2）学会放松

觉得生活太苦的时候就要学会给自己找乐子，学会自我放松，可以用心理暗示的方式告诉自己困难都是暂时的，根本没什么大不了。也可以去参加一些有趣的业余活动，让自己疲惫的身心得到休息。有时"苦"的感觉只是因为你负重太久，绷得太紧，这时需要一次放松，一旦身心得到休息和恢复，活力就会重新回到你身上，你又可以鼓足精神迎接挑战。人生就是一个悲伤欢喜交替的过程，当你觉得苦的时候，就要寻找放松的甜味。

（3）学会幻想

幻想是对抗紧张与不安的好方法，也是一种自我安慰。当你焦虑时，可以幻想自己正处在一个轻松的环境，也可以想想自己过去取得成绩时那一瞬间的兴奋与得意，这些心理上的刺激都能让你打起精神面对现实，而不是悲观下去。

幻想虽好，但千万不要沉迷。偶尔做梦可以激起人们对未来的向往，但总是做梦就会影响人的进取心。人生是梦想与现实不断抗争的过程，不必在意一时的辛苦和痛苦，因为努力的人总会等到苦尽甘来的一天。

苦难是必经之路，笑对人生

人生中难免有各种各样的苦难历程，面对苦难，有些人常常沉不住气，他们总认为别人比自己幸运，这种区别显而易见：别人脸上总是挂着幸福惬意的微笑，而照照镜子，发现自己却是一脸的郁闷与痛苦，生活的重担全部写在脸上，和别人的状态有天壤之别，怎么能不去羡慕别人的幸运呢？但是他们没有想过，那些笑着的人真的是幸运者吗？

人的表情和心情并不是统一的，例如，在奥运会的领奖台上，银牌得主、铜牌得主和金牌得主一样面带微笑，更多的时候，第二名和第三名的选手在笑，而第一名的选手想到自己经历的不易，常常忍不住流出眼泪。由此可见，有时候笑的那个人不一定是幸运者，他们在维持一种礼貌、一种风度，证明自己不怕暂时的困难和失败，证明自己有信心更进一步。

苦难与挫折都是人生的必经之路，在这个过程中，你可以选择哭着放弃，也可以选择笑着面对。选择微笑的人，往往是生活中的强者，他们不愿在困难的压迫下露出窘态，也不愿让身边的人看自己的笑话。他们的行为固然有"要面子"的成分，但在这种时候，自尊常常能够激发一个人巨大的潜力。微笑着面对苦难，是一种积极的生活态度，它承认现状的不易，更相信未来的辉煌。

约翰先生是底特律有名的皮鞋生产商，他曾经公开对人表示，他最佩服的就是同一个城市的水果商杰克逊先生。听到的人都觉得奇怪：约翰先生和杰克逊先生似乎从未碰过面，他们做的买卖也是风马牛不相及，为什么约翰先生会佩服这样一个和自己没有关系的人呢？

在一次采访中，约翰先生说出了谜底。原来，十几年前，约翰先生还是个寒酸的皮鞋推销员，他的工作是敲开一家接一家的房门，推销一种牌子不响的皮鞋。即使每天累得腰酸腿疼，也卖不出几双鞋，他的心情一天比一天黯淡。每天早上起床，拿起廉价的鞋油擦皮鞋的时候，他不知道这份工作还能做多久，自己还能活多久。

一个冬天的夜晚，约翰还在工作，他敲了一间大房子的房门，前来开门的就是杰克逊先生。看到约翰穿得单薄，杰克逊先生请他进房喝了一杯咖啡，并买了一双皮鞋，他对约翰说："我像你这么大的时候，还在别人的田里做果农兼推销员，每天连饭都很难吃饱。不过现在我已经是一个成功的水果商。相信我能做到的，你也能做到。"从那天起，约翰先生充满了干劲,他相信了杰克逊先生的话,并以杰克逊先生为目标,一步步走向了自己的成功。

面对苦难,微笑并不是件容易的事,有时听上去像是风凉话——哭都哭不出来的时候,哪里还能笑?不过就像故事中的杰克逊先生,他的事业从小到大,靠的就是对待困难能够保持笑脸——一个推销员在任何时候都要保持笑脸,才能真正地推销自己的产品。其实,我们的人生不也是一次推销吗?向命运推销自己,得到它的承认,才能取得成功,所以,无论什么时候我们必须保持笑脸。

德国诗人歌德说:"如果你觉得自己渺小,那么你已经找到了巨大收获的开端。""笑对人生"是一种乐观的心态,也是从渺小到巨大收获的开端。当然,痛苦的时候仍然要保持微笑,会让你更加苦涩,但是,一旦习惯,就会从中获得力量。那么如何保持乐观的心态?

(1)想想过去的辉煌成就,补充自信

当遭遇苦难的时候,你需要补充自己的自信,以期待自己尽快度过苦难时期。最直接、最简单的方法是想想你过去获得的辉煌成就。一个人一旦辉煌过,自尊心就会相应提高,不会允许自己对苦难低头,而且,成功时尝到过的甘甜滋味也会加倍激励自己再创佳绩。

在困难的时候千万不要想过去的失败,从过去到未来是个无法中断的过程,现在就是它们的连接点,用成功的心态看待困难,往往就能以成功联系过去与未来。否则,就会从失败走向失败,由痛苦滋生痛苦。

(2)幻想一下未来的场景

过度幻想会消磨人的斗志,但适当地幻想能点燃人的激情,尤其是在困难的时候，只要想到渡过这次困难之后能够得到的成就、能够享受到的赞美、能够给自己的前途带来的资本，多数人都会觉得充满了干劲，愿意再拼搏努力一下。即使你是个非常客观冷静的人，幻想一下这样的场景，也不无帮助。

（3）客观分析现在的困难，寻找解决途径

苦难是人生必经的过程，战胜困难是成功人生必需的步骤，如果一个人能有这样一种心态：遇到困难的时候，不是抱怨自己倒霉，而是立刻想到"这是考验"，他就具备了极强的心理素质，能够把人生的一切当作一种挑战，节省旁人用来哀叹的时间，一心一意争取自己的胜利，这样的人大多能创造傲人的成就。

每个人都需要一种"笑对人生"的心态，你把痛苦看得少一分，幸福就会多一分。你以超然的心态看待周围的烦恼，烦恼就会离你远去。五味俱全才是人生，既然享受了甘甜的部分，苦涩的部分也要微笑着面对，这才算真正的品味。

怀感恩之心，人生将受益匪浅

人生难免会有苦难，如果因为苦难，因为某些人的刁难和欺骗，就开始怀疑世界上的一切人、一切事，完全否定他人，这就是自己的心理出了问题，把世界想得过于黑暗。万事万物都有两面性，人心也是如此。如果只盯着黑暗面看，自己也会变得越来越没有安全感。不如学着聪明，让自己更沉稳，在提防他人危害自己的同时，依然能够与他人友好相处，享受人与人之间的情谊。

有一个孩子出生时就被父母抛弃，在孤儿院生活。六岁那年，一对夫妇将他接走。夫妇二人结婚后一直没有生育，收他做养子，想要今后做个依靠。没想到三年后，夫妇二人有了自己的孩子。他们为了生计考虑，将孤儿送给了别人。孤儿哭泣着不愿意走，却被养父母狠心地赶出了家门。

第二家人将孤儿当佣人一样，让他在家里干活，也供他读书。四年后，那家人觉得孤儿上学太费钱，不愿意再养他，任凭孤儿百般恳求也无济于事。孤儿只好收拾行李，在一家饭店找了一份包吃包住的工作，从此开始了他的艰难人生。

在十几年的时间里，孤儿做过苦工，忍受了无数委屈，甚至当过乞丐。孤儿生性倔强，从来没有放弃出人头地的念头。最后，他成了一家餐饮公司的大老板。让人惊讶的是，他将曾经养过自己的两对夫妻接到家里共同居住，像对待亲生父母一样对待他们。面对别人的不解，他说："为什么要只记得自己受过的苦？我只知道当年如果他们不给我饭吃，不给我住的地方，我根本活不到今天。"

故事中的孤儿就是一个"以德报怨"的典型，养父母的确让他吃了很多苦头，但当他功成名就之后，他首先想到的不是自己遭遇的不幸，而是养父母曾经给自己的恩情。对于那些心地仁慈宽厚的人，记得他人的好比记得他人的不好更重要，他们总会选择用别人的好抵消别人的不好，因为他们懂得知恩图报。

每个人与他人接触的时候，都希望在对方身上得到关怀、照顾、帮助，有这种想法的人并不是自私，只是人的一种惯常心态，有这种心态不代表他们不会回报，甚至会回报得更多。但是，每个人的性格都是多面的，至少和你不是完全相同的，给了你关怀的同时，就可能给你伤害，所以不能只是要求他人对自己好，而不接受其他方面，有这种想法的人才真正自私。而且，记得别人的好，会给你的人生带来很多益处。

（1）一个人的心胸决定了一个人的成就

做大事的人不能心胸狭隘，如果一个人总是记着旧日的仇恨，而很多人都可能不小心得罪过他，他从此和这些人划清界限，那也就是把自己能够发展的范围相对变小，把自己可能的盟友相对减少。一个人如何对待自己的仇人最能看出他的心胸，而人的心胸常常能够决定他能多大限度地争取人心，也就决定了他可能做出多大的成就。

（2）面对伤害，需要有强大的心理素质

人生中难免要面对别人给自己带来的伤害，有时候伤害是一时的，很快就能"一笑泯恩仇"，有时候伤害是长久的，留在心里成了挥之不去的阴影。这个时候想要原谅别人，忘记别人的不好，就需要强大的心理素质，既要有对对方处境的体谅，设身处地地为对方着想，还要有全面的分析能力，看到当事人双方各自的失误，更要有长远眼光、自省能力，等等，这都需要平日的历练和积淀，最重要的是要分清孰轻孰重，懂得感恩和宽容。

（3）懂得感恩的人，才懂得真正的生活

人与人之间的矛盾在所难免，但是，对待那些曾经照顾过你、关心过你、帮助过你的人，理所当然地要多一分宽容，更要懂得感恩，否则，人与人的关系就会变成冰冷的利益关系，在以利益为前提下，生活也会变得渐渐失去人情味，这才是人生的最大损失。

沉稳的人既注重现实利益，也注重人格修为，他们既不会忘记别人对自己的好，又能以现实眼光原谅别人的过失，于是，他们给人的感觉往往是最理想的。这就是沉稳的好处，既让自己开心，又让别人尊敬。

吃苦是成长的催化剂

在悲观的人看来，生命就是一个吃苦受累的过程。在他们看来，做什么事都是在吃苦，生下来第一声啼哭，是因为马上就要开始经历苦难的人世；小时候认真学习是苦，因为缺少了玩乐时间；长大了拼命工作是苦，因为付诸所有的劳动不过是为了一份不算多的工资；当父母是苦，因为有了更多的负担；年老了更苦，因为疾病与死亡马上就要到来……

在他们眼里，看不到出生的意义，感受不到奋斗的快乐，体会不到感情的价值。他们总把人生当成一滩苦水，想要摆脱，又发现自己没勇气寻死，也不想放下责任，于是他们的苦成了自苦，成了消耗。他们并非体会不到欢乐，而总是把欢乐浸在苦水里一同喝下去。

以什么样的心情享受是一种选择，以什么样的心态吃苦却能反映一个人的沉稳。从出生到死亡，人无法避免压力与痛苦，并不是只有自己苦，而是世界的规律、生命的规律。人活着并不是为了受苦，而是尽量在苦中寻找快乐。真正的沉稳在于一种对事情的消化能力和引导能力，承担了事实，承受了痛苦，然后在心理上将经历的这些当作经验，把事情向更好的方向引导，让生命更有价值，才是生命的意义。

毕业后，小李在一家公司打工，他遇到了一个十分难缠的上司。

这个上司是个爱挑刺的男人，最爱挑人毛病，对待新人时刻观察留意，一有毛病，就要说个没完，还会把这些事告诉老板。更让小李受不了的是，一旦工作出了问题，上司就会把责任全部推给他，这时候知道真相的同事也不会为小李说一句公道话。

半年后，忍无可忍的小李选择跳槽。在新公司，小李成了优秀员工，可是，他又遇到了一个麻烦的上司，这个上司脾气暴躁，动不动就骂人，骂得十分难听。小李为人很有礼貌，受不了上司动不动就吐脏字，又想辞职了事。小李的姐姐劝他说："哪个新人刚开始没吃过苦？想要成功，你要吃的苦还多着呢，现在就受不了了？而且，世界上怎么会有十全十美的上司？如果上司要求严格，你就尽力达到他的要求，这对自己难道不是一种促进吗？"小李打消了辞职的念头，工作更加努力。渐渐地，上司对他的印象越来越好，将他当作重点培养对象。

人们对待苦难不外乎两种方式：一种是以消极的态度对抗它、仇视它，包括无休止地抱怨，也包括看到机会就要逃避。故事中的小李在最开始的时候，选择的就是这种方法。另一种方法是以积极的态度接纳它、正视它，包括积极地承担，把它视作提高自己的机会。相信小李成为重点培养对象后，再想想自己挨过的骂，滋味会大有不同。

苦难能够促进人的发展，是心灵成长的催化剂，它能使人在短时间内变得成熟。而长久吃苦会磨炼人的耐性和韧性，使人在环境的压力下积累智慧和提高能力。只要继续努力，不被眼前的困难击倒，能力不够，可以用努力弥补，对于他人别有用心的刁难，可以用成绩回击，到你成功的那天，一切苦都有了它的价值。那么，要以什么样的心态面对"苦"？

（1）不要逃避吃苦

每个人都想有轻松的人生，"吃苦受累"这个词听上去让人望而却步。可是，成长的每一个步骤、生活的每一个方面，都有让我们吃苦头的一面。当你想要休息娱乐，却不得不去做那些必须做且让你觉得无趣的事时，这种苦闷会让你觉得生活缺乏趣味和活力。

但是，吃苦也是生命历程必经的一部分，也许还是最重要的一部分。道理很简单，想要学会拳脚功夫，最先要经历的是挨打，挨的打越多，越能多学习别人的招式，寻找别人的漏洞。如果打你的人门派不同，你学会的就是针对不同套路的克敌方法。吃苦是一种学习、一种锻炼，有成就的人必须吃苦，否则只能当绣花枕头。

（2）要搞清楚问题的关键

有问题就要解决，不论多难的问题，都有关键点，冷静分析，找到这些关键点，用最大的精力去攻克，难题也就解决了一大半，剩下的细节只要有耐心和足够细致，也能很快解决。搞清关键点，就是解决问题的关键，让我们尽量减少吃苦头。

（3）战胜苦难才能走向成功

比起吃苦，苦难让"苦"的程度又增加几成，像是由灾难痛苦堆积成的猛兽，让人全无招架之力。不够勇敢的人总是想躲开苦难，贪图享受的人从不想承受苦难，很多人在困难面前容易游移不定，他们对人说自己在思考解决的办法，其实是在左右徘徊，不敢向前迈步，不断纠结要不要换个方向。在时机不成熟的时候，回避困难的确是一种策略，但大多数时候，困难需要你迎上去，需要你拿出拼劲，需要你硬碰硬。

沉稳的人从不抱怨吃苦，他们甚至会主动选择那些又苦又累的事去完成，作为一种锻炼。理性的父母教育孩子的时候，会有意让孩子多吃苦，就是让孩子提前锻炼抗压能力，以便应付今后更多的苦难。吃一些苦，生命会有更多的经验和感悟，性格也会变得更加沉稳和坚韧，所以，吃苦让生命有了更多的价值，也开辟了更多的可能。当你想要抱怨生活中的苦，一定要牢记：吃得苦中苦，方为人上人。

通过自我解嘲对抗残酷命运

某电视台想做一个关于长寿的节目，计划采访一些老人，问问他们长寿的秘诀究竟是什么。记者们避开那些地理位置极其优越、适合人群长寿的地区，而是在城里选择一些90岁以上的老人作为采访对象。他们发现这些老人并没有什么养生秘方，甚至不是靠锻炼，有的人靠的仅仅是一份良好的心态。

人生在世，每个人都要遇到很多打击和痛苦，没有一份积极的心态，心情只能随着际遇起起伏伏，顺利的时候开怀大笑，不顺利的时候消沉悲观。但是，人生的不顺利总是多过顺利，苦难也总是多过甜头，随着年岁的增长，更要经历很多年轻时不曾体会的挫折压力、疾病困苦、生离死别，旧日的欢乐像是再也回不来，明日的欢乐却看也看不见，这个时候，不想让痛苦压垮自己，只能寻找办法战胜痛苦。

　　沉稳的人都有战胜痛苦的经验，他们知道什么时候该奋起直追，什么时候该忙里偷闲，什么时候该选择遗忘。最重要的是，他们懂得如何自我解嘲，即使痛苦摆在眼前，他们也能用一句自嘲、一种幽默的心态将痛苦的分量减轻，这就是达观。

　　华教授是大学里最受欢迎的教授之一，每次他开选修课，报名的人都会爆满，外系的人都会闻名而来，课堂上总是有旁听生。华教授不但课讲得好，为人也受到学生们的尊重。

　　华教授是个残疾人，右臂只有一半，他的行动不方便，只能拿左手写字，每次上大课播放课件的时候，动作都要比其他老师慢上几倍。这时候，他会笑着对学生说："胳膊不够长，用时间长来补，大家等一等，等一等。"他从来不把自己的缺陷放在心上，学生们都很佩服他的达观。每当他不以为意地说起自己的右臂，用幽默的方法化解自己的不便，学生们便能够体会什么是真正的自信。

　　在生活中，什么样的人最受人尊敬？是那种明明受过很多苦难，依然保持达观，愿意以幽默、积极的态度对待人生，并以善意对待他人的人，就像故事中的华教授。面对这样的人，多数人都会觉得汗颜，都会觉得比起他们，自己受到的苦是如此的微不足道，但是却远没有他们那么看得开，不禁会对这样的人肃然起敬。

　　达观，是一种对人、对事的积极自信。当生活给予人们苦难的时候，有些人愿意以达观的心态容纳苦难、克服困难。他们知道不论是苦是甜，生活都要继续，不以笑脸面对，就只能哭或板着脸，为什么要让自己看上去像个被击倒的失败者？不如自我解嘲，然后继续努力。那么，在日常生活中，我们如何保持达观的心态？

（1）用幽默化解失意

幽默是化解失意的最佳办法。生活中，我们难免遇到考试挂科、情场失意、工作瓶颈、家庭纠纷等苦恼，这个时候，最好的办法是自我嘲笑。它是一种挽救失败形象的方式，通过嘲弄自己，以一句幽默话把事情淡化成不值得一提的琐事、不值得悲伤的小事、能够成为笑料的蠢事，就连失意也会随之减少。与其让你的失败受到旁人同情的目光和别有用心的嘲笑，不如让别人捧腹大笑。

（2）用嘲笑淡化缺点

面对缺点，有些人坦然承认，装作根本没有这回事；有些人遮遮掩掩，生怕别人知道这回事，如果有人说起，多半还会恼羞成怒；还有一些人非但不遮掩、不回避，还敢于自我暴露，这其实是一种坦诚，也是一种高人一等的自信，它显现出的勇敢与风度总能引起他人的尊敬。自我嘲笑是自我超脱的一种方式，它可以让人以幽默的姿态摆脱尴尬，而且面带笑容，用调侃的方式自我贬低一下，流露出来的并不是自卑，而是更大的自信，让你看上去更有魅力。

（3）用信心挑战失败

对多数人来说，失败比失意要严重得多，失意只是一时的气闷，失败却可能是长久的努力全部化为泡影。这个时候，人们已经无暇去想身边的人在做什么，他们首先要过的是自己的心理关，从打击中站起来，还要应对他人对这次失败的非议与质疑。以成绩证明实力毕竟还需要时间，在尴尬的时刻用幽默回击质疑比驳斥更有效。

世事烦扰，达观是最简单的生存智慧，沉稳的人对待命运总能轻描淡写，即使残酷的折磨也不能打消他们对生活本能的热爱与理性。此外，与达观为伴的人能够更好地生活，他们不怕遇到困难，因为在达观心态的消解下，烦恼成了人生的常态，也成了快乐的来源，没有什么克服不了的事，只要你肯笑一笑。

10

痛到断肠能忍得过

改变不了现状，就改变想法

想要得到鲜花和掌声，先要经过无数的等待，在等待的过程中，升华的经验成为能力，积淀的智慧就是沉稳。在一个人懂得调整心态、直面生活、运筹帷幄的那一刻，也就懂得了真正的沉稳。当沉稳这种内敛的智慧反过来作用在生活中，我们不难发现它在不知不觉之间，已让我们具备了诸多优势，其中包括抵抗痛苦的心理素质。

在人生旅途中，痛苦是每个人最不愿面对，却又无法回避的东西。痛苦的时候，觉得自己是世界上最不幸的人，做什么事都提不起精神，甚至明明知道做一些事就能减缓痛苦，也颓废得不想去做。痛苦使人们恨不得脱离自己的肉体，找个安静的地方不再想任何事。用成语形容痛苦，最形象的莫过于"肝肠寸断"，痛苦是疼痛的、缓慢的、不间断的，让人失去理智。

想要改变痛苦的状况，只能从自己的心态上着手，而不是对无法逆转的现实做无用功。即使肝肠寸断，也要懂得一时失去的并不是生命的全部，那些被你视为生命意义的东西，在其他方面也可以弥补。失之东隅，收之桑榆，有时新的收获就在痛苦旁边出现。如果你一直盯着痛苦不愿解脱，你也就失去了更多获得快乐的机会。

曾加和曾怡是一对感情非常好的姐妹，曾怡小曾加两岁，从小就依赖姐姐。姐姐曾加性格温柔，什么事都照顾妹妹。妹妹有时候耍小脾气，她也都让着妹妹。姐妹俩同一个小学、初中、高中，妹妹填报高考志愿的时候，填的学校都在姐姐大学所在的城市，她们又如愿以偿地生活在了一起，即使后来有了各自的生活，也要每个礼拜聚一次。

然而，一次突来的车祸夺去了姐姐的生命，曾怡觉得天塌了下来，她每天沉浸在对姐姐的回忆中，她觉得世界上和自己最亲的人消失了。整整一年的时间，她每天都在流泪，工作结束就把自己关在屋子里不肯出来，当周围的人渐渐恢复了生活，只有曾怡依然生活在姐姐去世的阴影中，无论如何也不能接受事实。

直到有一天，曾怡发现自己的妈妈变得满头白发，她悲伤地说："妈妈，自从姐姐走了，你变老了。"妈妈说："我变老不是因为你姐姐，而是因为你每天都这么难过。你姐姐走了，我伤心，但我知道自己还有一个女儿需要关心，而你却忘记了自己还有其他亲人。"曾怡这才明白一直沉浸在个人的感伤中是对亲人们的双重伤害，她决定努力走出阴影。

亲人去世是一种剜心之痛，特别是与自己有深厚血缘，曾朝夕相处的那些亲人。故事中的曾怡为失去姐姐而痛苦，在母亲的提醒下，才发现一直沉浸在痛苦中不会让情况好转，只会失去更多的东西，并且让更多的人因自己的痛苦而痛苦。把痛苦留在过去，才能更好地活在当下，否则只会把当下和未来一同拖进痛苦的深渊。

面对痛苦，人们也需要有一份沉稳，包括忍耐和正确的认识。对痛苦的忍耐不是冷血的表现，因为人生的目标并不单一，我们有许多责任需要承担，不能因为一份痛苦而将所有的责任搁浅，这是一种懦弱和逃避。如果我们能够忍受住痛苦,让自己振作起来撑过去,回头再看过去,就会对痛苦有更深刻的认识。

(1)每个人的人生都不圆满

人生有起有伏,没有人能够事事顺利,所有人的人生都不圆满。如果不能认清这是生命的常态,之后的人生会有更多的痛苦,到时候要如何面对?此时的痛苦就像一剂预防针,让你提前熟悉它的强度和影响,只有磨炼出足以对抗痛苦的心理,才能在未来的岁月以强大的精神状态经历种种不如意,保证自己不被现实击垮。从心理上接受人生的不圆满,也就能够明白痛苦的必然性,不会因为痛苦否定人生。

(2)不要因过去而耽误现在

痛苦的感觉虽然是现在时,但痛苦的缘由都在过去,换言之,人们多是在为过去痛苦。而对于将来的烦恼,如果现在就开始痛苦,未免有点儿太早。不论过去还是未来,人们能够把握的时间只有现在,即使痛苦挥散不开,也不要被压得失去竞争能力。不论什么原因,耽误现在都是一个错误,它会造成将来更多的痛苦。为了避免将来后悔,在痛苦的时候,也要完成那些该做的事,承担那些必须承担的责任。

(3)人生因痛苦而丰富

不论是痛苦还是幸福,都是人生的宝贵经历。即使结果不尽如人意,那些让你付出过、努力过、欣慰过的事,都是不可多得的财富,让你从中得到的经验,比教科书上教导的要多得多。一个真正经历过痛苦的人,往往有旁人没有的勇气、魄力、能力,他们靠的就是与痛苦的不懈抗争。要相信所有痛苦都会过去,变为宝贵的回忆。

而且,天无绝人之路,有痛苦,也会有希望。痛苦中,人们仍然有不愿意放弃的信念,仍然有对生活的渴望,这种渴望可以激发人的潜能，让人变得坚强，甚至做到一些自己从不敢想的大事。痛苦是对人生的一种磨砺，如果每个人都能以这种想法对待痛苦，那么悲伤就不再是长久的阴影，而是成功的前奏。

摒弃执念，就远离痛苦

很多人都在痛苦，为了痛苦失眠压抑、自暴自弃，看不到生活的乐趣。导致痛苦的原因千差万别，那么导致痛苦的根本原因究竟是什么？如果我们仔细思考，就会发现每一段痛苦都对应着一份执念，痛苦的感觉大多不是来自外界，而是内心对自己的暗示。对那些自己期待过、拥有过的东西，人们放不下，也不愿意放下，导致痛苦的根本原因就是人们对某件事物的执着。

人们的执着也分几个类别，有人为自己的理想执着，一旦理想不能实现，他们就会失魂落魄，完全失去生存动力；有人为情感执着，一旦想要的感情不能属于自己，就会长时间沉浸在苦闷中，不得解脱；有人为意外打击执着，无法相信事实，不愿接受事实，只能被事实压得喘不过气……太过执着造成的痛苦，不论旁人如何劝解，也不能释然，只能让这痛苦一直延续，只因心中不能放下某个理想、某段情感、某个让自己伤心的事实。

佛家说，有慧根的人都懂得放下执念。在生活中，沉稳的人也懂得变通，不会对痛苦念念不忘，变成死心眼儿。沉稳的人做事有一个基础，就是接受事实，不论这事实是痛苦的还是不幸的。他们相信未来可以改变，也就愿意放弃自己的执着，一切为明天着想。这种心理变通能力使他们不会被一时一事压垮，而是把目光放到最长远处。

小玉考托福又失败了。

她已经不知道自己失败了多少次。从大学开始，她就想出国留学，但每次都卡在托福成绩上。为此，小玉白天黑夜拼命背诵单词和例句，图书馆里每天都有小玉做卷子的身影。可是，辛勤的耕耘并没有换来预期的收获，也许小玉天生就不适合学外语，每一次她都过不了分数线。毕业后，她曾经参加过学习班，但还是不能改变失败的状况。

小玉为此深深痛苦，她不明白为什么别人考过线很轻松，自己如此努力却一直过不了线。小玉的导师听说这件事后特意打电话给她，对她说："从大学的时候我就发现你并不适合出国学习，你对外国的语言有隔阂，但是，你的专业成绩非常好，在国内也会有好的发展，不要因为太执着而丢掉了更好的机会。"

小玉思考导师的话，仔细想想，大学四年，毕业一年，她除了学习就是为出国努力，但她的专业在国内更容易有发展，为什么自己一定要去国外？如果她不是这么想出国，她也会像其他同学那样找到前景好的工作，不会像现在这么不如意。想通了的小玉决定暂时放下考托福，先去找工作。没想到，工作一年后的小玉不但顺利升职，还得到了一个公司外派的名额，她没想到自己放下了之后，成功会自己找过来。

痛苦源自执着，幸福始于解脱。故事中的小玉把自己从旧的思维中解脱出来，迎接她的是接踵而来的机会，这让她惊喜不已。其实生活就像这个故事，觉得自己没有机会、没有运气，是因为我们把自己限定在一个区域内，根本不去看其他的东西。世界这么大，如果非要站在不适合自己的角落里，收获的就只有痛苦，而那个适合自己的角落也许就在离自己不远的地方，等待你去发现。

痛苦的人"放不开"，懂得放弃的人，才能有新的机会。就像一个装满的背包，你用它装满令自己痛苦的东西，拿什么装快乐？如果觉得肩头负担太重，不妨考虑将背包里的东西一次性倒掉，寻找新的东西装进去。心灵也像这个背包，常常清理那些让自己痛苦的东西，学会放弃那些不切实际的执着，就会发现生命别有洞天。那么，如何转换思维、放下执念？

（1）换个目标

我们的目光常常锁定在已有的目标上，旁边的东西即使金光闪闪，也很难吸引我们的注意，并且还会为这样的自己自豪，认为自己不被诱惑所动。可是，你有没有仔细想过，也许那个目标才是诱惑，因为它是你放不下又得不到的东西。

明知道自己得不到，不如放下心中的不甘，干脆换一个目标，你怎么知道其他目标不如已知的这个？也许比你想要的好上100倍，也许你得到后才会发现自己因为错误目标而耽误了很多时间。

（2）换条道路

有些人喜欢用直线思维，认定一条路就不想更改，因为改弦更张难免有毅力不够的嫌疑。但是，成功靠的不只是毅力，还有观察力和随机应变的能力。明知前方是死胡同,还要去撞一撞南墙,这不叫毅力,这叫傻。

面对痛苦也是如此,如果有一条路让你痛苦不堪,你就应该迅速地走另一条路,柳暗花明,也许你便走到了新天地。即使走不到新天地,至少告别了令你悲伤的过去。

(3)尝试更多可能

人是主观动物,总是觉得自己执着的事物就是最好的,什么也比不了。谁也不能否认你想的是对的,不过,当你执着的事物不属于你,你是不是应该去试试其他事物,找一个更好的?生命有无限种可能,在死亡到来之前,你无法断定究竟什么东西能让你最幸福,至少你不应该和让你痛苦的事物一直纠缠不休。

沉稳的人也会执着,可以说,他们执着起来,往往有一种"不达目的誓不罢休"的劲头,但是,他们的执着是在慎重思考之后的选择,而不是对不属于自己的事物的过度留恋。换句话说,你应该执着的不是过去,而是未来。

忍过痛苦绝望，希望近在眼前

当人们陷入痛苦之中无法自拔时，都会希望自己突然获得某种神奇的力量，这种力量能让自己渡过煎熬，变得强大，战胜自己害怕的事物，成为一个更加优秀的人。也就是说，痛苦中的人都渴望重生，他们想要得到一种全新的生活，做出一种全新的选择，而不是一味被痛苦追赶，没有对抗的能力，也没有逃避的可能。

其实，每个人身上都具备在痛苦中重生的力量，这就是忍耐力。忍耐能够使人战胜痛苦、超越自我。当一个人在痛苦之中，心中填满无可名状的悲愤与酸楚，但还没有放弃对未来的希望时，这个时候他必须忍耐环境施加给他的种种压力，才能一步步重新开始。重生需要一个过程，过程的每一个环节都需要忍耐，但结果会告诉我们：忍耐是有价值的。

沉稳的人最懂忍耐的分量，他们认为克服痛苦是一个"愚公移山"式的过程，一点一点地搬运那些对自己不利的东西，然后开拓出一条自己心目中的道路，即使旁人嘲笑自己，也不放弃这份信念。所以，沉稳的人也会被人说成"傻"。这种傻，不是真的冥顽不灵，而是脚踏实地的奋斗。或者说，沉稳的人都有"傻"的一面，他们不做只会投机取巧的聪明人，该聪明的时候他们比谁都睿智，该"傻"的时候他们可以比任何人都更"傻"。

古代有一个剑客，年纪轻轻就打败了无数高手，美名传遍江湖。可是，这个剑客性格轻狂，常常惹是生非。有一次，他在山间寺庙前戏弄一个小和尚。他与小和尚比武，逼小和尚使出所有招式，再逐一破解，逐一嘲笑，并把小和尚的门派贬得一无是处。小和尚十分气恼，无奈技不如人。此后，剑客常常对人提起小和尚，不断挖苦他。

小和尚决定勤修武艺，以期有朝一日报仇雪恨。他身边的人知道这件事后，都说他白日做梦。在众人的笑话中，小和尚日复一日地练剑，他相信功夫不负有心人，有一天他一定能和剑客一决胜负。

小和尚一练就是十年，他终于有信心去找剑客比武，而剑客早就忘记了他，仍和他比画起来。剑客没想到一个相貌平平、没有任何名气的和尚竟然能和他打成平手。他恭敬地请和尚饮茶，称赞他的剑术。这时的和尚经过十年的忍耐和磨砺，已经成为顶级高手。

故事里的小和尚一日受辱，十年辛苦，最后一朝成名。世界上没有忍不过的事，随着历练的增加，每个人都可以在痛苦中重生，成为让人刮目相看的人。这时候，也许我们会回过头感谢自己受到的痛苦，如果没有这份痛苦，没有因痛苦而生的斗志，也许我们仍是普普通通的人，所以，当痛苦到来的时候，不要仅仅将它看作一种劫难，它同样可以是一种考验、一种机会，看你如何渡过、会不会把握。

有些事必须理智地放弃，例如无法改变的过去，例如目标过高的理想；但有些事却绝对不能放弃，例如自己的尊严与信念。面对痛苦，沉稳的人告诉自己要忍住，不能放弃，否则自己只能度过平庸懦弱的一生。那么，在痛苦中如何保持自己的忍耐力？

（1）不断激励自己

在忍耐的过程中，自我激励是克服痛苦的法宝，要不断对自己强调"我是优秀的"，以此产生积极的心理暗示，即使遇到挫折也不会轻易放弃，而是以更顽强的斗志去挑战。

激励自己应该是一个持续不断的过程，每个人的自信都来自不间断地激励，可以拿出过去的成绩鼓励自己，也可以把他人对自己的正面评价贴在自己床头。总之，一切能够激发自信的东西都不妨拿来一用，这会极大缓解失意和失败带来的痛苦。

（2）要有一个大目标

理想往往能够产生巨大的推动力，促使人奋发图强，想要在忍耐中战胜痛苦，要在心理上给自己一个目标，使自己的努力有一个中心、一个凝聚点，让自己所做的事归于一个统一的目的，不会分散精力。当一个人懂得专注做事的时候，往往能发掘出从前没有发现的能力，激发那些潜在的实力，让自己和身边的人大吃一惊。

（3）不断提醒自己与他人的差距

对抗痛苦是一个漫长的过程，在这个过程中，我们也会有机会获得一些小成绩，这个时候千万不要掉以轻心，要想想自己离目标有多远，看看自己和他人的差距，有时候甚至可以打击一下自信，以免得意忘形，因小失大。

在痛苦面前，烦恼和挣扎没有意义，只有一边忍耐着痛苦的侵袭，一边付诸行动改变这种情况，才能真正解脱自己，让自己重生。当你一次次面对痛苦，一次次忍耐下来的时候，你已经积累了雄厚的资本，还有日渐增多的勇气。有一天你会知道，一切痛苦都有价值，一切忍耐都有意义，人生并不只有挫折，还有成功时的喜悦、到达终点时的自豪。

关爱自己度过痛苦失意

有人陷入痛苦中不能自拔，就有人懂得如何在痛苦中疗伤。在生活中，我们不难发现那种"自愈能力"很强的人，他们经受着巨大的打击，却能举重若轻，像往常一样工作、休闲。不是他们什么也不在乎，而是他们更懂得以什么样的状态对抗痛苦、战胜痛苦，不被痛苦压倒。什么样的人能够安然度过痛苦？那些真正懂得爱自己的人。

对待痛苦，要有一种自我保护意识，不能让痛苦把自己憋死。痛苦也是人生的考验之一，你为它奉献的时间和心力越少，你度过考验的时间也会跟着缩短。当然，人们很难忘记痛苦，爱护自己的人也不是健忘症患者，他们能做的是尽量减少痛苦对生活的影响，让自己的心态不因痛苦发生扭曲，做出让自己更加后悔的事。他们用这种方法抵抗痛苦，比起自暴自弃，自我保护才是对待痛苦的上上之策。

关爱自己是每个人生命的核心部分，让自己的眼睛向前看。要珍惜生命，懂得未来的重要。事情已经发生，痛苦已经存在，继续把自己放在苦水中，就是把伤口扩大、把失败扩大，还不如尽快认清事实，振作精神，把痛苦当作一个不无裨益的经验。痛苦可长可短、可小可大，关键是看你够不够坚强。

一个从小失去手臂的孩子很羡慕长跑选手，他常常对人说："以后我要当一个长跑选手，参加奥运会！"听到这些话的人看着他空荡荡的袖子，同情地摇头。

没想到这个孩子的决心非常坚定，他要求父母替他报名参加残疾人运动会。比赛前，他每天都坚持练习，琢磨如何让自己跑得更快。后来他在比赛中拿到了第一名，并因此进入市里的残疾人体育队。邻居们都很佩服这个孩子，经常拿他做榜样激励自家的孩子说："不论遇到什么困难都要坚强一点，你看，××是个残疾人，却从来没有放弃自己，你这样一个健康的人怎么能不努力？"

这个孩子听到这件事后说："坚强是每个人都应该有的品质，就算没有残疾，也可能遇到其他困难。渡不过难关的人，才是真正的残疾人。"

那些身残志坚的人常常给我们很多启迪，一方面让我们叹息命运不公，另一方面又让我们看到毅力带来的成功。就像故事中的孩子，没有人相信他会成为一个运动员，他能够相信的也只有自己。不间断地努力，不放弃信念，就是他给自己的最大关爱。面对痛苦，如果自己选择了放弃和屈服，那么命运就只能维持在痛苦中，永远没有超脱的机会。

关爱自我的人向往超越自我，他们更愿意把痛苦当作撑竿跳的跳杆，靠它的助力一跃而起，越过那些常人无法超越的障碍。如果没有最初那个起跳的意愿，一切都是空想，而那个起跳的意愿就来自对自己的关爱：为什么要放弃？为什么要接受现实？难道我不能克服眼前的困难吗？我差在哪里？这些疑问只要能用努力加以回答，都会给自己满意的答复。那么，我们如何学会关爱自己？

(1) 要形成自己的思想

一个人想要拥有坚强的意志，首先要有坚定的思想。每个人都应该在生活中、在学习中形成属于自己的思想，它的基点应该是自强与自立，其中，你需要来自书本的知识、来自社会的经验，还要听取他人的意见及时修改自己的错误。

有自己的思想最大的好处就是遇事不易动摇，不会轻易迷信他人的建议，造成摇摆不定。有自己思想的人对自己选择的道路能够坚持，也愿意坚持，即使中途出现了痛苦和打击，他们也会在这痛苦中学习如何克服。总之，思想指导行动，有坚定的思想，才有坚定的行动。

(2) 要培养自己的能力

一个人仅有坚定的思想是不够的，还要有实际上的、克服痛苦的能力。这种能力既包括事业上的，也包括生活上的，甚至包括心理上的。能力的累积不能一蹴而就，而要有目的地训练，有选择地学习，还要迎难而上地锻炼自己。

痛苦最能锻炼一个人的能力，困境也最能激发一个人的潜力，当你面对压力时，不妨转换思维，把困难当作提高自己的机会，当你习惯了在压力中成长，你的能力也会一天比一天提高，直到成功为止。

(3) 要有自己的快乐方法

人生有数不清的失意和痛苦，相应地，每个人都应该有自己调整心态的方法，如何在逆境中保持乐观、如何在痛苦中寻找快乐，都可以帮你抵御压力、寻找转机，重新获得生活的动力与热情。可以说，有自己的快乐方法，就有自己的避风港，在任何时候都能保持一颗开朗的心，应付那些突发状况。

当你不快乐的时候，你要做的是寻找那些令你快乐的事，这就是最简单的自我爱护和自我保护。想要修炼沉稳也不妨从关爱自己开始做起，学着自我保护，学着趋利避害，学着让自己适应痛苦，在痛苦中有所收获，不要让痛苦过多地影响你的心情，而要让困境最大限度地磨炼你的心志，同时，要懂得自我放松，不论是休闲娱乐还是找人倾诉，只要能缓解压力的方法都可以试一试。当你学会了关心自己，你会发现人生中的很多事都没那么复杂，痛苦的原因也会一目了然。这时候，你会更理智地放手，更轻松地选择。

坚定信念，一切都会随风飘逝

当我们痛苦的时候，常常希望那些拥有丰富人生经验的老人们能够开导我们。他们的开导或简洁或长篇大论，但最后都会变成这样一句话："要相信，一切都会过去。"是的，我们生命中的一切，无论喜怒哀乐都会成为过去，痛苦也是如此，只是它比其他情绪更加长久，也更加难熬。它给我们的感觉不是"能过去"，而是"过不去"。

痛苦对于人生有什么样的意义，完全由我们的行动来决定，你战胜了痛苦，超越了自我，取得了成就，痛苦对你来说就是一笔财富，你对它充满感激；你被痛苦压倒，一蹶不振，再也不能翻身，在失意中活上一辈子，痛苦就成了你不幸的源泉，你对它由衷地痛恨。其实这一切都是出于你的选择，痛苦的境遇只是诸多境遇的一种，你没能选择努力，而是选择放弃，怎么能责怪它呢？真正该责怪的是你自己。

沉稳的核心是什么？对现实的正确评估与对自我的不懈坚持相结合，最直接的表现就是坚定的信念。特别是在面对痛苦的时候，信念是最重要的，它能够支撑起一个人的心灵，让他相信一切都会过去。只要坚持住，总有看到曙光的一天。在那之前，你不能先倒在黑暗里。也许有人认为战胜痛苦只是少数人的事，其实，绝大多数的人都在与痛苦对抗，能在小处战胜痛苦的人，在大处也一样，只需要再加把劲。

老郑白手起家开了一家工厂，在过去的十几年，他很风光，生意做得很大。但从去年开始，他没能挡住同行们的恶意竞争，宣告破产。这一天，他看着空荡荡的厂房，想到自己一生的事业就这样付诸东流，心头一阵悲凉，他简直想要走上最高的楼结束自己的一生。这时候，一个清洁工走进厂房，老郑问："厂子今天已经倒闭了，你为什么还要干活？"

"因为我的工资拿到今天，所以我要把今天的活干完。"清洁工说着开始打扫。

老郑注视着这个清洁工，动情地说："我记得你，我刚开厂子的时候聘请你当这里的清洁工，我真失败，现在所有的机器都被拉去抵债，什么都没有了。"

清洁工说："是啊，当年我应聘的时候，这里只是一间空房，后来有了各种各样的机器。"

"是啊,当年这里也什么都没有。"说到这儿,老郑突然想开了,当年的自己也曾经一无所有,不就是靠着自己的头脑和勤劳一点一点成就了事业?为什么不可以再来一次?

"我相信这里今后会有很多机器,到时候欢迎你来这里应聘。"老郑郑重地对清洁工说。

在清洁工的眼里,一无所有是过去,老板的成就是过去,老板的失败也会成为过去。受这种达观心态的影响,破产的老郑重新恢复了斗志与自信。有时候鼓起勇气只是一瞬间的事,不需要太多理由,只需要一个信念。痛苦不能将有理想的人压倒,他们看到的是未来,而不是即将成为过去的现在。即使现在,他们失败了、消沉了,也不代表日后仍然失败消沉。

面对痛苦,可以用自己的努力改变心态、改变环境,信念不只是一个想法,还要经得起现实的打击和考验。信念可以简单,但要有足够的力度和强度,帮你对抗压力。"一切都会过去"就是一个无比现实也无比实用的信念,它既有哲学上的意义,又能指导你的行动,让你相信痛苦总有解脱的一天。那么如何让一切成为过去?

(1)接受现实

不论是痛苦还是失败,已经存在的事你不能更改,不要徒劳地想要回到过去,也不要总是幻想过去的种种可能,接受现实是你唯一能做的,也是你必须做的。

接受现实的过程是艰难的,但一旦接受,心理上就会产生一种"痛苦抗体",让自己接受痛苦的能力越变越强,能够经受更多的打击。还需要接受的是人生就是一个不断对抗打击的过程,如此,你才不会因那些突如其来的痛苦陷入绝望。

（2）肯定自我

在面对痛苦的时候，你要相信自己、肯定自己。要相信自己有克服痛苦的能力，要相信自己已经拥有的幸福，要相信你生活中的一切事物，还有对未来的希望。

懂得肯定自我才能拥有平静的心态，因为知道自己能够经受什么、如何克服困难，一切虽然有混乱，却还在掌握之中，这是对生命的强大自信。有这种自信的人，在任何时候都不会失态，他们牢牢地把握着自己的人生。

（3）保持达观

人生无法预测，面对那些不可知的痛苦，保持达观是最好的应对心态。要知道每个人都会经历痛苦，也要相信痛苦之后还会有欢乐。万事万物都有两面性，看得开的人才能过得好。达观，让人能在痛苦中忍耐，在幸福中自省，时刻保持清醒和积极。

沉稳的人会把自己的痛苦与成功统统放在过去。把痛苦放在过去，告诉自己那都是昨天的事，明天的太阳依然是新的，就能恢复自信；把成功放在过去，告诉自己那些是曾经的辉煌，不代表明天还能持续，就能保持谦虚谨慎。一切都会过去，但当一切成为过去时，你留下的是痛苦的回忆，还是苦尽甘来的自豪感，都在于你现在的选择、现在的坚持。

11

困到绝望能行得通

面对绝望，选择坚持

沉稳的人并不害怕绝望，他们有一套"绝望生存心理"，或者说，他们的心理承受能力远远超出一般人，他们能够全面地分析绝望状态，把身心调整到最合适状态，这是一种不可多得的能力。沉稳有时不只是足智多谋，遇到一件事就立刻想到解决办法，而是即使没办法也要先忍住，在忍耐的过程中想出办法，或者在长久的忍耐中等待机会的到来。

对绝望的适应首先来自忍耐。我们都有负重的经验，当一个巨大沉重的物体压在我们的肩膀上时，我们第一反应是"重死了！背不动"，但一旦放缓动作，放平肩膀，一点一点地适应重量，就渐渐能够协调身体，负重起身和负重行走。如果能保持平衡的姿势和步调，甚至能走很长很远的距离而不会被重量压垮。

人的心理对绝望的承受能力就像负重行走，你越是畏惧它，觉得不可能克服它，它就越是不可战胜。你耐下心来习惯它，它的重量就算没有减轻，也变得可以承受，因为你的心理承受能力正在逐渐增强。培养这种心理上的耐力，会让你轻松自如地应付人生中的很多场合。哪怕是最危险的情况，这种承受力也能显现它的功效，保护你全身而退。

一个人走在大路上，突然看到前方有一只狗熊。他吓得魂飞魄散，想要拔腿就跑，不过他很快便冷静下来，因为他不可能快过一只熊。听人说狗熊不吃死人，他立刻决定直挺挺地躺在地上装死。

狗熊走了过来，他屏住呼吸。狗熊反复闻他的鼻息，像是在确定他究竟是死是活。这个人心里打鼓："完了，它一定发现了，怎么办？"理智一次次提醒他一定要忍耐，他继续装死，祈祷着狗熊赶快走开。可是，狗熊在他旁边绕来绕去，似乎在等他自己跳起来。

"完了，狗熊知道我在装死。"这个人这样想着，但他仍然一动不动，告诉自己，"忍耐一下，再忍耐一下。"这时，"砰"的一声枪响，狗熊倒在地上，原来路过的猎人发现狗熊在袭击人，连忙举起猎枪。躺在地上的人迅速站起身，他没想到自己会以这种形式获救，心里后怕，却又对自己的理智和耐力充满自豪。

人生不可预测，就算每天都过着循规蹈矩的生活，我们也不能保证明天依然像今天一样安稳，不会突然发生变故。在上述这个故事中，一个手无寸铁的男人遇到一只狗熊，他认为自己死定了，所谓的"装死"不过是垂死挣扎，没想到事情却接连出现转折，就如同我们经常遇到出其不意的事故，让我们陷入绝境，我们也经常在忍耐中等待那些出其不意的转机，直到得救后还觉得难以置信。

在本书中，我们不止一次地强调忍耐的重要性。在绝境中，忍耐就是你的一线生机。多一分钟的忍耐，就可能多一条道路。这条道路可能是思维上的灵光一现，也可能是天降救兵的峰回路转。这些转折谈不上奇迹，只是世事无常的一个表现，但至少能让我们相信人不会一直倒霉，只要忍耐下去，车到山前必有路。那么，如何在困境中保持忍耐？

（1）要安慰自己事情还有转机

人的思维能力是有限制的，我们永远也不可能有一双透视眼把所有事看得清清楚楚，也永远不可能有一个计算机式的大脑把所有情况算得明明白白，所以，在任何时候我们都没理由说："一切都完了，没有希望了。"除非事情的结果已经摆在眼前。

对自己说一切还有转机，可能是因为心中还有筹算，认为还有争取的余地，也可能是一种自我安慰。它的核心是不放弃，对于任何事情，只要争取就可能是新的开始，放弃就意味着立刻结束。

（2）想到最坏的可能并做出打算

最绝望的也许并不是绝望本身，而是对事情结果的恐惧，脑中不断设想可能出现的坏结果，越想越糟，越糟越想，那么不如快刀斩乱麻，直接想出最坏的可能。

既然最坏的可能已经被你想到，就可以将其他时间全部省出来，集中思维想一想解决的办法。也许事情不能解决，那么就想想如何降低损失；如果损失不能降低，就干脆想想如何保护自己。在忍耐中，你应该为自己的将来打算，而不是仅仅等待一个时机。

（3）转机出现要立刻把握

只要你耐得住性子，多数难关都会出现转机，但是，转机来得快，去得也快，可能你来不及把握。想要把握转机，事先就要明白什么是转机，然后仔细观察局势的变化，还要有敏捷的应变能力，分析出变化的后果。当你发现转机，哪怕仅有一种可能，都不要迟疑，不要长时间"深思熟虑"，而要立刻行动，要对自己说事情已经最糟了，不会更糟，这样才能克服优柔寡断，抓住来之不易的机会。

（4）不到最后一秒绝不放弃

看过篮球比赛的人大多有这样的经验：最后几秒钟，A 队领先 B 队两到三分，所有人认为胜负已定，却没想到 B 队有人在最后一秒投球入篮，扭转了战局。在运动场上，即使是实力悬殊的球队胜负有时也是个悬念，因为拼搏的力量常常能使场上的人创造奇迹，使看台的人看到惊喜，这就是人们面对绝境应该拥有的态度。

沉稳的人都是忍者，面对绝境，他们显示出不屈不挠的力量，就像赛场上抓住最后一秒钟投篮的运动员，他们始终向往突破。想做成功一件事就是要有这样的觉悟：不到最后一秒绝不放弃，这样才能告别绝望，走向成功。

"输不起"是懦夫，"输得起"是英雄

一个人倘若有雄心，又敢于行动，失败就是他经常会遇到的事，因为有信心的人有时能力不足，有时被条件限制，有时遇到的时机不对，失败可能以各种形式降临。如果一次失败就打击了你的信心，两次失败让你成了缩头乌龟，三次失败干脆让你转过身去寻找别的途径，那么你的心态未免太脆弱了，这种情况就是人们说的"输不起"。

一个运动员在赛场上败给另一个人，口头上的认输是一种竞争的风度，也是对对手的尊重，但是，如果这个运动员在心理上也向对方投降，总是认为对方高不可攀，不可能超越，他就会在心理上给自己设立一道藩篱，面对这道藩篱时会充满胆怯和不安。这种心理便很容易让他一次次失败，于是藩篱看上去越来越高，致使他完全在这座"人为高峰"前停下了脚步。

沉稳是什么？沉稳就是"输得起"。要明白失败不等于认输，失败是事实上的，认输是心理上的。失败了可以由之后的努力补救，认输了只能靠之后的回忆美化。失败不可怕，因为失败是成功之母，没有任何人会永远失败，但认输的人很难得到成功，因为他们已经打心底里承认自己能力不够、运气不够，根本不相信自己还有成功的可能，自然也不愿意全力以赴再去尝试一次。认输，事实上是一种懦弱。

对年轻人来说，从事保险推销是一份艰难的工作，它看似上手快，却需要极强的耐力才能坚持下去，有所成就。很多年轻人走上保险推销的道路后，因为无法忍受一次又一次的拒绝，失败感在心中不断累积，终于选择放弃。

有个中年人失业后在保险公司找到了一份工作，他原本认为以自己的社会经验和人际交往技能能够很快适应这份工作。令他没想到的是，一连一个多月，他都没有签下一份保险单。他早出晚归，遇到的不过是拒绝和白眼。中年人心灰意冷，想要放弃这份工作。

"没有人一开始就是顺利的。"他的妻子对他说，"既然选择了这份工作，就要努力到最后，再坚持三天吧，就三天。"中年人按照妻子的话继续工作，三天后，他仍然没有签到单子。妻子说："没有积累足够的经验当然会导致失败,再坚持三天,最后三天。"

这一次,中年人成功了,他在第三天顺利地签下了一个客户,第一份保单给他带来了信心,此后他的工作越做越顺利。一年后,他已经成为一个优秀的保险推销员。

成功的可能存在于你想做的任何一件事上,除去那些太过不切实际的幻想,人做事情的成功率虽有高低之分,但不会是零。你试的次数越多,成功的概率越高。最怕的不是失败,而是自己认输,一旦认输了,就是放弃继续挑战,放弃了成功的可能。故事中的主人公如果没有选择再坚持几天,而是换了工作,就不会取得如此大的成绩。

此外,不要以一种抽奖的心态对待失败,机械地尝试一次又一次,这样只会换来同样的结果。想要成功需要运用脑子,一次失败了,下一次就不要用同样的方法,而要尝试其他方法,智力和耐力同样重要。那么,怎样培养"输得起"的心态?要从内心深处相信以下几条。

(1)你不比别人聪明,但你比别人努力

人与人的素质有差别,起点也不尽相同。在生活中,一个不自恋、愿意以客观的眼光看待事物的人总能找到别人比自己强的地方,觉得他们离成功更近。不过,也要考虑到他们也许比你年长、比你有经验,而你也有你自己的优势。

即使你不比别人更优秀,你至少拥有一样东西:努力。不断努力能够弥补你和别人的差距。如果你愿意经常向别人请教,多学习别人的经验,这个差距就会越来越小。

(2)你不比别人幸运,但你比别人尝试更多次

有些人运气好,做什么事似乎都能碰到天时、地利、人和,而有

些人就差了些运道,即使能力足够、努力足够,机会却总是轮不到自己头上,只能看着别人享受成功的喜悦。

运气是个无法捉摸的东西,但是,没有人能背运一辈子。如果一时运气不够,你可以一再尝试,或者主动去争取机会。如果你能让自己万事俱备,不怕有一天东风不来。

(3)你不比别人成功,但你仍在走向成功

清醒的人不会为眼前的小成绩沾沾自喜,因为在同一领域、以同样的条件,总有人做得比你更好、更出色,这个时候即使自卑也无济于事,或者说多此一举。值得庆幸的是你得到了成绩,而且仍在不断地完善自己,以后还会得到更多的成绩。只要你坚持下去,你的成绩未必比其他人差。

沉稳的人面对失败能看得开,他们输得起,才能赢得干脆。失败给人警醒和经验,成功给人惊喜和信心。失败的时候说服自己提起勇气再试一次,就得到了下一次的机会,只有拥有"再试一次"的心态,才会锲而不舍,才不会一事无成。

从心理上的死角走出来

人们的绝望常常来自自身所处的境地，绝望的人认为前后左右都没有光明，没有任何一种脱困的可能。越是这么想，他们越是消极，越是不愿意行动，甚至在心理上已经对境况投降，只想赶快了结，认为即使是失败也好过这种不进不退的煎熬。一旦有了这种思维，头脑就会僵化，身体也会随之降低感应度，再也无法脱离困境。

绝望的处境最让人煎熬的其实是心理上的死角，总是想不开，也就只能在一个角落里憋着，如果这时有人"旁观者清"，给你指一条明路，困难就会迎刃而解，接下来的路也会走得得心应手。不过，我们身边通常没有这么一个旁观者，绝大多数时候，我们自己要对困境有一个"旁观心态"，自己改变思维模式，从绝境中走出来。

沉稳的人就有这种"旁观心态"，他们不愿钻牛角尖，不会让心思都在一个角落里。这就像一团乱麻必须解开，你却只在一个地方下功夫，如果入手的地方不对，你永远别想解开，但如果能从整体上观察这团乱麻，找出一条线头，这个工作就会变得轻松许多。灵活的思维就是要全面地思考，寻找这个解决问题的"线头"，而不是始终和绝境纠缠着，直到它缠得你喘不过气。

古代有个负责进谏的老大臣，个性正直，敢于言事，经常上奏折批评皇帝的错误。有一次，他写了一个奏折批评朝廷的腐败，皇帝没有理会。没办法，大臣只好在早朝的时候提起这件事。皇帝听了大怒，命人拿了两张纸条贴在老大臣嘴巴上，并说："谁也不许给他求情，就让他这么站着吧！"

嘴巴封上，不能吃饭不能喝水，等于被判了死刑，一些大臣想要求情，看到皇帝的脸色，想到他的反复无常，都不敢贸然上前。这时，一个年轻的大臣气冲冲地走到老大臣面前，一巴掌打在他脸上，大叫道："你这个不识好歹的老东西，活该你落到这样的下场！"说着抡起手又是一个巴掌。满朝文武吓了一跳。年轻大臣的几个巴掌下去，老大臣嘴上贴的纸条被打落，原来他是想要用这种方法救老大臣。皇帝知道他的用意，但也不好说什么，只能让事情不了了之。

老大臣被皇帝用刁钻的方法判了死刑，另一位大臣立刻用更刁钻的方法解除了这个死刑，还没有得罪皇帝，可见即使是做同样一件事，考虑事物的角度不同，着手处不同，有人能把事情解决得非常漂亮，有人却只能干瞪眼，不知如何是好。

做人要聪明，而不要一味傻干蛮干，想事情要灵活，办事情才能更仔细、更全面，也更容易取得成功。特别是遇到绝境的时候，不能迅速开动脑筋，转化自己的思维以险中求胜，而是选择等待、做无用功，这样的人除非运气超好，否则根本没有突破绝境的可能。在生活中，我们要有意识地锻炼自己的思维能力，不要等到遇到困难才开始学习。不论思考什么事，都应该多想几步，综合运用下面几项思维方法。

（1）逆向思维

多数人的思维是一条直线，根据眼前的现象，由表及里地想问题，或者根据一些零碎的事实，靠常识推测大概情况。遇到困难的时候，这样的人只会针对困难本身，想到的也都是常规的解决方法。一旦这些方法全部行不通，他们就会陷入无助的状态。

如果你愿意把事物反过来想一想，你就多了一种思维模式。逆向思维最简单的体现莫过于对既定事物的反应，有个很经典的故事，说两个皮鞋推销员到了一个岛国，发现岛上没有人穿鞋，一个立刻就要打道回府，另一个却要立刻投资建厂，因为他发现了大市场。

（2）曲线思维

《水浒传》中，景阳冈上有猛虎，武松喝醉了酒，将它打死。有时候绝境就像我们面前有老虎的山，绝大多数人都没有武松的魄力，也不像武松具有过人的武力，所以面对这只老虎，选择另一座山才是最正确的，这就是绕过困难达到目的的曲线思维。

不偷懒是体现这种思维的关键。不论是思维上还是行动上，谁都知道两点之间直线最短，但没有那么多的直线刚好让你遇到，发现前方行不通的时候，马上换一条路，哪怕要付出更多的时间和精力，也好过在一面南墙下面踱步。

（3）全面思维

越沉稳的人越懂得全面思考问题的重要，而单纯的人的思维常常局限在事物的一个方面。每一件事都是复杂的，比我们想象的要复杂得多，想要解决问题必须看到事情的方方面面，将事情的每一个关键点厘清，才不会出现思虑不周的现象。全面思维最大的好处是你要站得高就看得远，很容易寻找到思维的死角。跨过这个死角，解决问题的方法就会变得更多。

循规蹈矩的人因为肯下功夫，常常取得循规蹈矩的成就，而思维灵活的人做事不按常理出牌，常常能够出奇制胜，取得更大的成就。不是每个人都有这种思维，但至少要有意识地多想想，这种"多想"能够保证你在绝境中多些想法和尝试，而不是一条路走到黑。

这一秒一败涂地，下一刻愤然崛起

困境到来的时候，人们最直接的反应是：没希望了。他们最担心的不是现在遭遇的损失，而是害怕连明天都要跟着损失，未来会是一连串的失败。绝望的时候，他们会觉得自己再也没有成功的可能，而之前一再的失败又成了这种想法的证据。他们断定今日的失败意味着明日更大的失败，今日的差距再也无法弥补，只能在明日变得不可逾越。

然而没有人能预言明日的失败，因为谁也不知道明天究竟会发生什么，你怎么知道明天不会有转机？你怎么知道坚持下去你不会有回报？轻易对明天下结论，是一种不自信的表现。一个人在心理上承认失败后，就会对一切产生不自信的念头，甚至开始怀疑自己当初的选择是不是对的，后悔自己没有使用另外一种方法。

此一时，彼一时，今天失败不意味着明天仍然倒霉。要知道人生是一条起起伏伏的曲线，没有人的运气一直在谷底，除非你愿意一直留在最差的状态，不愿改变。或者说，即使你对今日的困境耿耿于怀，即使你对未来没有任何自信，你也不要停下手边正在做的事，至少不要有放弃的念头，只要坚持下去，总有成功的可能。

一个男人垂头丧气地进了一个酒吧，开了一瓶又一瓶酒，喝得抬不起头。直到酒吧接近打烊，他还没有离开的意思，服务生只好叫来老板。

老板让服务生先走，自己为男人递上一杯醒酒的饮料，关切地问："不知道你发生了什么事，如果不着急回家，你可以跟我说说。"

男人像是找到了知音，开始倾吐自己的心事。原来，男人的事业遭遇了困境，他原本是一家国有企业的员工，有很好的前途，因为累积了人脉和经验，就辞了工作，自己开了一家公司。最初两年一切都很顺利，男人也有了一笔积蓄，今年，他投下本钱扩大了公司规模，没想到几个月后就遇到了销售危机。如今他负债累累，不知道明天自己是不是就要破产。

老板说："你的经历和我很相似，当年我也辞掉了一份稳定高薪的工作下海经商。我没你那样的运气，你至少有两年好光景，我从一开始就在赔钱。不过，我不认为自己一直会失败，所以一直没放弃，直到五年后终于有了起色。你现在就借酒消愁，是不是太早了？"

没有什么事能一蹴而就，成功更是如此。酒吧老板给看似失败的男人讲述自己的经验，但是，这经验能否对这个男人起到激励作用，仍然要看他自己是否接受。如果他认为自己不会有老板的运气，再干十五年也不会有成就，那老板的一番话等于白说，他就是个彻头彻尾的失败者，也根本不想改变眼前的状况。

就算他相信了老板的说法，愿意以乐观的眼光看待未来，他也要有积极的行动，才能重现老板的成功。因为有过失败的经验，这一次他会更加仔细、更加小心，也更加懂得盘算和努力，这些都是走向成功的关键。没有人一出生就注定成功，同样地，也没有人一直都在失败。想要做一番大事，就要修炼出以下的素质。

（1）经得起失败

抗压能力是做大事的必要条件，抵抗不了压力的人肯定一事无成。想要成功的人经得起颠簸，即使有再大的风浪也会稳稳地掌舵。每一次失败都可能是一次绝境，跨过去，前方就有新的道路出现。如果迟疑着不肯迈步，只能被失败又一次打败。

（2）耐得住寂寞

成功有时需要等待，做大事的人常常觉得自己走在一条羊肠小道上，没有一个同伴，前方随时可能出现危险和此路不通的状况，越往高走，这种感觉越是明显。寂寞考验了一个人的耐心，让一个人学着循序渐进，不再急躁。任何过程都是变化中的等待，你不积累一定的量，就没法引起质变，所以在成功之前，一定要学会埋头苦干。

（3）受得起敲打

努力做事的人还要承受一定的舆论压力。也许你做的是一件旁人都不看好的事，难免有人好心劝你赶快改行，以免将来后悔；也会有人冷言冷语，讽刺你在做无用功；甚至有人幸灾乐祸，挑着你的毛病看你出丑。人心难测，不是所有人都能鼓励你，你要受得了来自他人的压力，才能让自己更加坚强。

西方有句谚语："罗马不是一天建成的。"成功需要厚积薄发。只要你有不怕失败的精神，有顽强不屈的毅力，困境在你面前仅仅是一个考验。对于懦弱无能的人，今天的困境代表明天更大的困境；对于拼搏肯干的人，今天的困境代表的是明天的成功。

静观其变，努力等待时机

对待任何情况，都要有变通的心态，包括对待绝境。绝境会出现，肯定有长期的缺失，例如自身能力不足缺少应对能力，长期的漏洞导致无法弥补等，压迫性的状况造成了人的暂时性"无能"，不是不想对抗，而是即使对抗了也没有什么实际作用。这个时候，不妨不要对抗它，静静地观察，直到转机出现。

在绝望的情况下如此，这种思维还可以延续到生活的各个领域，不论哪种情况，只要你觉得手足无措，完全想不到办法，也找不到人帮忙，但你还不想放弃的时候，静观其变就成了你的唯一选择，也是最佳选择。把事情的每一个变化看清楚，适时地调整自己，就能看到机会，然后一举成功。

沉稳的人相信成功是努力和等待的结合，没有努力，天上不会掉馅饼，谁也不会把成绩给你送上门，努力是一切成就的基础。和努力相比，时机也很重要，如果时机不对，再多的努力也是白费。而时机对了，纵使花费很少的气力也能取得很大的成就。当然，后者运气成分太大，不会被讲究实际的聪明人采纳，他们更相信在努力中等待时机才是最好的方法。

一家大公司正在招聘一个重要部门的经理，投来简历的既有资深的商场人士，也有海归博士，更不乏朝气蓬勃的社会新人。董事长很重视这个职位，通过层层选拔，有三个人获得最终考试的资格。

这一天，三个应聘者同时收到邮件，要求三人于次日下班后到公司人事部进行最终面试。三位应聘者经过悉心准备，准时到达公司，却发现公司大门紧锁，一个人也没有。

"是不是写错了日期？"一个应聘者等了一个小时，决定回家查证。

"一个大公司如此不注重信誉，让我失望。"第二个应聘者等了两个小时，决定离开。

直到深夜，第三个应聘者还在等待，这时董事长的汽车缓缓开来，车里坐了董事长和几位经理，他们恭喜应聘者获得了这个职位。原来，这是董事长精心设计的一次测试，旨在考察应聘者的牺牲精神和耐力。只有第三个应聘者通过了考验，成功得到了职位。

第三个应聘者知不知道董事长的目的？他也许根本不知道。不过，他相信一个大公司的董事长不会无缘无故和人开玩笑，也不会把重要事件弄错，在这种情况下，在原地等待问个究竟，好过自顾自地下结论，然后自己回家。而董事长的测试也道出了"静观其变"的精髓：牺牲精神和耐力。牺牲精神，既是指可能浪费自己的时间精力，也是指在选择坚持的时候放弃了其他可能；耐力，则是等待者的必备素质。

静观其变应该成为一种习惯，既是思维习惯，也应该是遇到困境时候的第一反应。绝望说到底是一个心态问题，如果能从心态上彻底突破，人就能在多数情况下保持自信和冷静状态，这无疑能使人变得更细心、更谨慎、更平稳，也更优秀。静观其变不是说安静地站在原地什么也不做，而是要做到以下几点。

（1）关注细节

人们常说细节决定成败，在困境中，每一个微小的变动都可能是转机，要关注环境的每一个细节，因为细节的变动常常是整体变动的前奏，你看到了，才能见微知著，决定自己的下一步。此外，我们遇到的困境很少是纯外界因素造成的，困境主要由人力控制，要观察环境中的每个人，把他们的一举一动都看仔细，他们的行为必然会影响到局势的发展，你也可以通过改变某个人而使事情向对你有利的方向发展。

（2）放眼整体

一块精美的手表能够成型，既要有设计师精湛的眼光，也要有技师的技术，也就是说，既要注重整体，也要注重细节。有整体意识的最大好处是更明白自己的处境，也更甘愿为了长远利益做出暂时的牺牲。而且，看事情全面，就会看到很多以前忽略的东西，从中找到与以往不同的思路，这本身就是一种锻炼。

（3）不放弃任何机会

对待绝境，有时候需要背水一战的勇气，有时候需要铁杵磨成针的耐性，有时候需要出奇制胜的思维能力，其实，这些都说明一个道理：

如果不放弃任何机会，总有一个方法能让你突破绝境，一个方法不对，就去试下一个。静观其变的最高含义是"静中有动"，在冷静中寻找突破的方法，看到机会、想到办法就立刻动起来。

也许是因为胸怀大志的缘故，沉稳的人所遇到的绝望时刻比一般人要多得多，他们能够一次次通过困境，一是因为平日的修炼，不论是能力还是心态，都能保证他们在困境来临时冷静自持、伺机而动；二是他们从不放弃自己的目标，因为他们的目标不是不切合实际，而是只要克服困境就能达到的，这样他们就平添了勇气和魄力。所以，不论面对什么样的绝境，你所能做的就是坚持、坚持、再坚持，成功往往就在下一秒出现。